少儿学编程

Python

少儿趣味编程：海龟绘图

李强 著

人民邮电出版社

北京

图书在版编目（CIP）数据

Python少儿趣味编程 ：海龟绘图 / 李强著. -- 北京 ：人民邮电出版社，2022.6

（少儿学编程）

ISBN 978-7-115-58444-1

Ⅰ. ①P… Ⅱ. ①李… Ⅲ. ①软件工具－程序设计－少儿读物 Ⅳ. ①TP311.561-49

中国版本图书馆CIP数据核字(2021)第278124号

内 容 提 要

这是一本介绍在 Python 中使用海龟绘图工具的书。本书先带领读者认识 Python 编程语言，了解 Python 的特点，然后在此基础上引入 turtle 模块（俗称"海龟绘图"）的相关内容，让读者大致了解该模块的功能。随后，本书给出了多个示例，帮助读者加深对 for 循环、变量、数据类型、布尔类型和条件语句、while 循环以及自定义函数等概念的理解。最后，本书给出了两个完整的经典程序示例，并详细解释了程序代码的具体意义和作用，还运用 turtle 模块绘制了一个可爱的机器猫。

本书适合小学高年级和初中各年级的读者自学，也适合零编程基础的读者阅读参考。

♦ 著　　　　李　强

　　责任编辑　吴晋瑜

　　责任印制　王　郁　焦志炜

♦ 人民邮电出版社出版发行　　北京市丰台区成寿寺路 11 号

邮编 100164　　电子邮件 315@ptpress.com.cn

网址 https://www.ptpress.com.cn

北京捷迅佳彩印刷有限公司印刷

♦ 开本：720×960　1/16

印张：12　　　　　　　　　2022 年 6 月第 1 版

字数：215 千字　　　　　　2024 年 8 月北京第 2 次印刷

定价：69.90 元

读者服务热线：(010)81055410　印装质量热线：(010)81055316

反盗版热线：(010)81055315

广告经营许可证：京东市监广登字 20170147 号

前 言

本书的写作目的

《Python少儿趣味编程》一书自2019年出版以来，多次重印，并且得到了不少读者的好评。与此同时，我也收到一些读者的反馈，表示通过这本书学习Python虽然有一定的趣味性，但还是存在一定的学习难度，尤其是对于孩子而言难度还不小。在我看来，这种困难主要是由两方面因素导致的：一方面，Python编程比Scratch编程的图形化程度低一些，入门难度自然要高出不少；另一方面，在学习Python编程的过程中，必须学习和掌握更多编程基本概念，例如变量、数据类型、循环、条件、函数等。那么，如何通过可视化的方式来帮助小读者更好地理解和学习基本的编程概念，进而培养和训练他们的计算思维，成为少儿编程教育工作者面临的一个难题。

我的儿子李若瑜建议我写一本关于Python中海龟绘图工具的书，这也是他在学习Python的时候感觉最为有趣的内容。在经过数月的讨论后，我最终决定编写一本《Python少儿趣味编程》的海龟绘图版。Python标准库中有个turtle模块，俗称"海龟绘图"，它提供了一些简单的绘图工具，可用于在标准的应用程序窗口中绘制各种图形。

海龟绘图方式非常简单、直观，就像有一只尾巴上蘸着颜料的小海龟在计算机屏幕上爬行，随着它的移动就能画出线条来。使用turtle模块，我们只用几行代码就能创建出令人印象深刻的视觉效果，还可以跟随海龟的移动轨迹看到每行代码是如何影响它的移动的。这些特点决定了"海龟绘图"是小朋友和初学者学习Python编程的首选工具。

本书采用海龟绘图，以图形化的方式帮助读者学习Python编程的基本知识和技能。在写作本书的过程中，我们先着重介绍Python编程的基本概念和知识点，并以turtle模块为工具来展示如何在编程中使用这些概念和知识，力图通过生动形象、富有趣味性的方式来帮助读者快速学习和掌握Python编程。

本书的内容结构

本书各章的主要内容如下。

第1章　认识Python，主要带领读者认识Python编程语言，了解Python的特点，学习如何安装Python，并且编写一个简单的Hello World程序。本章还介绍了Python自带的IDE——IDLE，展示了IDLE的一些功能，这些功能是我们学习编程时经常要用到的。

第2章　认识小海龟，首先介绍了LOGO语言和模块的概念，讲解了如何在Python中导入模块，接下来介绍了Python中的小海龟——turtle模块，包括turtle绘图体系、布局和坐标体系等。最后以列表的形式给出了turtle函数的概览，让读者大致了解turtle的功能。

第3章　海龟绘图初体验，带领读者体验海龟绘图的功能。本章首先介绍了如何创建画布、移动海龟和控制画笔，还介绍了色彩的控制；最后，用海龟绘图绘制了一个奥运五环。

第4章　for循环，主要介绍for循环。先通过海龟绘图的示例，展示了不采用循环绘制4个圆的过程；然后介绍了循环的概念、程序的3种常用结构、算法和流程图的概念及其用法；接下来，正式引入for循环，展示了如何用for循环完成4个圆的绘制，并通过扩展程序帮助读者理解for循环的概念及其用法。

第5章　变量，变量在程序中随处可见，也是必须了解和掌握的基本编程概念。本章首先介绍了变量的概念、变量的命名规则，展示了变量的赋值方式；然后，通过海龟绘图程序展示如何使用变量来绘制螺旋线。本章还介绍了内置函数的概念，并通过内置函数来改进螺旋线绘制程序。

第6章　数据类型，介绍了Python中的数字、字符串、列表等数据类型，并且通过程序展示了与这些数据类型相关的操作和函数。贯穿本章，我们分别用海龟绘图展示了应用每一种数据类型的示例。

第7章　布尔类型和条件语句，介绍了布尔类型、比较运算符和布尔运算符，然后穿插介绍了缩进的作用以及常见的缩进问题，最后介绍了条件语句及其用法。本章比较特殊，没有涉及海龟绘图的示例，当然，本章内容对于编写复杂的程序以及养成良好的编程习惯很重要。

第8章　while循环，通过海龟绘图展示了while循环的用法，并介绍了break语句、continue语句在while循环中的用法。

第9章　自定义函数，介绍了自定义函数的概念，以及函数的结构、编写和调用的方法、函数的参数和返回值，最后通过海龟绘图的示例展示了函数的用法。

第10章和第11章　选取了海龟绘图的两个经典程序示例，也是两个较为完整的例子，分别是圆舞程序和时钟程序。虽然这两章的体例较为特殊，并不直接介绍任何具体的知识点，而是主要解释程序代码的具体意义和作用，但是，分析程序始终是学习和掌握编程的一种重要方法。在分析程序的过程中，我们也会用到很多学过的或者新的知识点。

第12章　绘制机器猫，详细介绍了如何使用海龟绘图来绘制一个可爱的机器猫形象，会用到模块导入、函数调用、自定义函数等知识。

本书的特色

本书有以下几个特色。

- 用海龟绘图形象化、可视化地讲解Python编程。正如前面所提到的，本书最大的特点是以海龟绘图作为工具，通过程序运行结果的可视化来降低学习Python编程的门槛，提高读者的阅读兴趣。

- 理论和实际结合，知识和应用结合。注重编程基础知识和概念的讲解，并用海龟绘图的示例来展示这些基础知识和概念的应用。

- 兼顾示例的简单性和复杂性。本书既包括与具体知识点结合的简单示例，也包括完整的可运行程序示例的分析和讲解。读者既能够学习和掌握基础知识，也能够通过大的程序示例进一步巩固所学内容。

本书在介绍Python编程知识时，遵循"知识点够用就好"的原则，不额外增加读者的阅读和学习负担。因此，本书既适合小学高年级读者和初中各年级读者自学，也适合零编程基础的读者阅读参考。

致谢

感谢选择本书的读者，你们的需求、反馈、信任和支持，是我不断改进提高、编写更好的技术图书的原动力。

感谢我的家人，父母、妻子以及儿子和女儿。特别感谢我的儿子李若瑜，本书的创意就来自于他，他阅读了本书所有的内容并尝试编写其中的程序示例后提出了宝贵的反馈意见，让我得以不断地完善和改进书稿。

虽然我在编写本书的过程中认真思考内容结构，细致准备案例素材，但难免仍有不足之处，请读者在阅读和学习的过程中及时反馈（reejohn@sohu.com），帮助我不断改进本书。

资源与支持

本书由异步社区出品，社区（https://www.epubit.com/）为您提供相关资源和后续服务。

配套资源

本书为读者提供源代码。要获得以上配套资源，请在异步社区本书页面中单击 配套资源 ，跳转到下载界面，按提示进行操作即可。注意：为保证购书读者的权益，该操作会给出相关提示，要求输入提取码进行验证。

提交勘误

作者和编辑尽最大努力来确保书中内容的准确性，但难免会存在疏漏。欢迎读者将发现的问题反馈给我们，帮助我们提升图书的质量。

如果读者发现错误，请登录异步社区，按书名搜索，进入本书页面，单击"提交勘误"，输入勘误信息，单击"提交"按钮即可。本书的作者和编辑会对读者提交的勘误进行审核，确认并接受后，将赠予读者异步社区的100积分（积分可用于在异步社区兑换优惠券、样书或奖品）。

扫码关注本书

扫描下方二维码，读者会在异步社区微信服务号中看到本书信息及相关的服务提示。

与我们联系

我们的联系邮箱是contact@epubit.com.cn。

如果读者对本书有任何疑问或建议，请发邮件给我们，并请在邮件标题中注明本书书名，以便我们更高效地做出反馈。

如果读者有兴趣出版图书、录制教学视频，或者参与图书翻译、技术审校等工作，可以发邮件给我们；有意出版图书的作者也可以到异步社区在线投稿（直接访问www.epubit.com/ selfpublish/submission即可）。

如果读者来自学校、培训机构或企业，想批量购买本书或异步社区出版的其他图书，也可以发邮件给我们。

如果读者在网上发现有针对异步社区出品图书的各种形式的盗版行为，包括对图书全部或部分内容的非授权传播，请将怀疑有侵权行为的链接发邮件给我们。这一举动是对作者权益的保护，也是我们持续为读者提供有价值的内容的动力之源。

关于异步社区和异步图书

"异步社区"是人民邮电出版社旗下IT专业图书社区，致力于出版精品IT技术图书和相关学习产品，为作译者提供优质出版服务。异步社区创办于2015年8月，提供大量精品IT技术图书和电子书，以及高品质技术文章和视频课程。更多详情请访问异步社区官网https://www.epubit.com。

"异步图书"是由异步社区编辑团队策划出版的精品IT专业图书的品牌，依托于人民邮电出版社近40年的计算机图书出版积累和专业编辑团队，相关图书在封面上印有异步图书的LOGO。异步图书的出版领域包括软件开发、大数据、AI、测试、前端、网络技术等。

异步社区

微信服务号

目　录

第1章
认识 Python

1.1 编程语言和 Python

1.1.1 程序设计和编程语言

如今，我们的生活中随处可见计算机的应用。写文章、制作PPT、打电子游戏、QQ聊天、上网购物等都离不开计算机，甚至手机里的各种应用，如微信、GPS导航等，也都离不开计算机。可是，你是否想过，计算机是如何帮助我们完成各种各样的任务的呢?

其实，计算机是通过程序来完成具体任务的。程序（program）是一组计算机能识别和执行的指令，它运行于电子计算机上，以满足人们的需求。更直白地说，计算机程序是一种软件，是使用计算机编程语言编写的指令，用于告诉计算机如何一步一步执行任务，从而达到最终的目的。使用某种计算机编程语言，经过分析、设计、编

码、测试、调试等步骤，编写出程序以解决特定问题的过程，就叫作程序
设计或编程（programming）。因此，要控制计算机方便、快捷地实现各种
功能，我们必须学习程序设计，也就是编程。而要编写程序代码，我们必
须"讲"计算机能懂的语言，为此，我们首先要选择并学习一种计算机编程
语言。

计算机编程语言的发展大概有几十年的历史。在这期间，编程语言经历
了从低级语言向高级语言发展的过程。这里所说的"低级语言"和"高级语
言"，并不是指语言的功能和水平等方面的差异，而是指编程语言与人类自身
语言接近程度上的区别。低级语言更接近于机器语言，计算机理解起来比较
容易，人类理解起来比较困难；高级语言的语法和表达方式更接近于人类自
身的语言，它需要通过一种称为"编译器"和"解释器"的东西（你可以把
编译器和解释器想象成翻译人员）将其转换为计算机比较容易理解的机器语
言，才能执行。

程序正是用诸如 Python、C++、Ruby 或 JavaScript 这样的编程语言来编写
的。这些语言让我们得以和计算机"对话"，并且向它们发布命令。打一个比
方，我们是如何训练一只狗的呢？当我们说"坐下"的时候，它蹲着；当我
们说"说话"的时候，它叫两声。这只狗能够理解这些简单的命令，但是，
对于我们所说的其他的大多数话，它就不懂了。

类似地，计算机也有局限性，但是确实能够执行你用它们的语言发布的
指令。在本书中，我们将学习 Python 语言，这是一种简单而强大的编程语言。
未来，在高中和大学阶段，Python 语言会作为计算机科学课程的入门课。因
此，我们通过现在的学习，可以给将来打下一个较好的基础。

1.1.2　Python 简介

Python 是吉多·范罗苏姆（Guido Van Rossum）在 20 世纪 80 年代后期开
发的一种功能强大、过程式的、面向对象的、功能完备的编程语言。Python
这个名字来自于一个名为"Monty Python"的戏剧团体。

人们使用 Python 语言进行各种应用开发，包括游戏软件开发、Web 开发、

桌面GUI开发以及教育和科学计算应用开发。近年来，Python甚至成了最受欢迎的开发人工智能应用的语言之一，在图像处理、自然语言处理和神经网络等众多领域一展身手。当前，Python已经成为最流行的编程语言之一，在各种编程语言排行榜中位居前列。Python之所以很流行，主要是归功于它的简单性和健壮性，当然还有很多其他的因素。囿于篇幅，此处不再赘述。

　　对于初学者来说，Python是一款既容易学又相当有用的编程语言。相对于其他语言，Python的代码相当易读，并且它有命令行程序，可供用户输入指令并运行程序。Python的一些功能对于辅助学习过程很有效，例如，用户可以通过把一些简单的动画组织起来制作自己的游戏。其中的turtle模块的灵感来自于海龟作图（20世纪60年代由LOGO语言使用），专门用于教育。此外，tkinter模块是Tk图形界面的接口，可以用来很容易地创建一些图形和动画程序。简单易学使得Python成为青少年学习计算机编程的首选语言。在本书中，我们也将带领读者学习Python turtle模块的用法，并且会用Python编写一款有趣的游戏，让读者体会到学习Python编程的乐趣和成就感！

　　Python的语法很简单，因而学习和理解Python编程很容易。和其他编程语言相比，Python代码更简短、易懂。此外，Python中的一些任务很容易实现。例如，要交换两个数字，用Python很容易编写：(a, b)= (b, a)。学习某种新的东西是一项耗费精力且复杂的任务，然而Python语法的简单性大大降低了它的学习难度。此外，用Python编写的项目也很容易为人们所理解。Python的代码精炼而高效，因而易于理解和管理。

　　Python另一个显著的特点是，它拥有大量的第三方模块和库。这是Python拥有非常广泛的应用领域的一个重要原因。Python有很多第三方的模块用于完成Web开发。例如，基于Python的Django是一款非常流行的Web开发框架，支持干净而快速地开发，支持HTML、Emails、FTP等应用，因此成为Web开发的不错选择。结合第三方模块和库的功能和支持，Python也可以广泛用于GUI开发和移动应用开发，例如，Kivy可以用于开发多触点的应用程序。Python还拥有强大的支持科学计算和分析的库——SciPy用于工程和数学，IPython用于并行计算等。SciPy还提供了和MATLAB类似的功能，并且能够用于处理多维数组。

Python 还有如下一些特点和优点。

- Python 有自己管理内存和相关对象的方式。在 Python 中创建一个对象时，内存会被动态地分配给它。当对象的生命周期结束时，其占用的内存会被收回。Python 的内存管理使得程序更加高效。

- Python 具有很强的可移植性，故使用 Python 编写的程序几乎可以在所有已知的平台（如 Windows、Linux 或 macOS 等）上运行。

- Python 是免费的。Python 并不是收费软件。谁都可以下载各种各样可用的 Python 编译器。发布用 Python 编写的代码也不会有法律问题。

- Python 拥有庞大的用户群体。Python 开发者和使用者已经在互联网上形成了一个活跃的专业社群，身处世界各地的程序员在一起探讨、交流学习和使用 Python 的经验。互联网上有很多与 Python 有关的信息，还有许多 Python 讨论组，这些都促进了 Python 语言的学习和传播。

既然 Python 有这么多的好处，那还等什么呢？我们先开始第一步，下载和安装 Python 吧！

1.2　Python 的安装

要安装 Python，通常需要去 Python 官方网站下载所需版本的安装文件，如图 1-1 所示。

图 1-1

1.2.1　Windows 下的 Python 安装

如果单击导航栏中的Downloads菜单，就可以看到适合各种操作系统的下载链接，如图1-2所示。可以看到，适合Windows系统的新版本是3.10.0。我们可以直接单击"Python3.10.0"按钮进行下载。

图 1-2

也可以单击左侧的Windows，在下载页面中选择需要下载的Python版本，如图1-3所示。

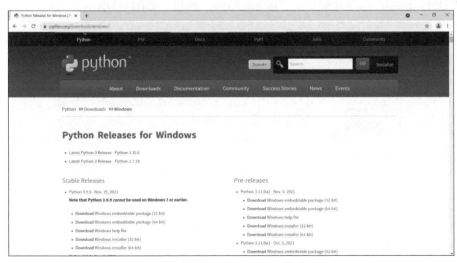

图 1-3

这里选择下载（写作本书时的）新版本 Python 3.10.0，下载完成后，在图 1-4 所示的文件夹下可以看到一个安装文件。

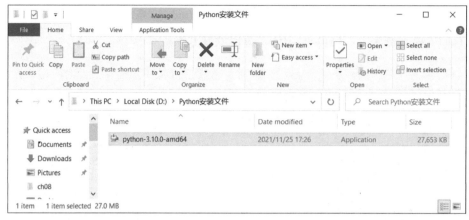

图 1-4

提示　Python 仅支持微软产品所支持的生命周期内的 Windows 版本。这意味着 Python 3.9 及之后的版本仅支持 Windows 7 之后的操作系统。如果需要支持 Windows 7 或更早的操作系统，请安装低一些的 Python 版本。

双击"python-3.10.0.exe"，就会看到弹出的安装界面。为简单起见，请勾选"Install launcher for all users（recommended）"和"Add Python 3.10 to PATH"选项，然后直接单击"Install Now"链接，如图 1-5 所示。

图 1-5

提示　选择"Customize installation"，即"自定义安装"，那么就可以选择要安装的功能、安装位置、其他选项或安装后的操作。如果要安装调试符号或二进制文件，就需要选择此选项。

提示　安装时最好勾选"Add Python 3.10 to PATH"，这是因为 Windows 会根据环境变量 path 设置的路径去查找 python.exe，以及本书后面要用到的一些相关安装工具。所以，如果在安装时没有勾选这个选项，后面还得手动把这些路径添加到 path 的环境变量中。

然后会看到安装的进度条一直向前推进了，如图1-6所示。

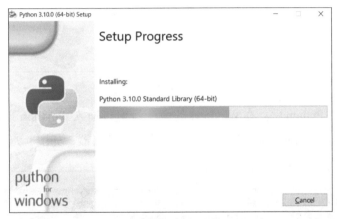

图 1-6

这里什么也不需要做，等待一段时间，直到程序安装成功，如图1-7所示。

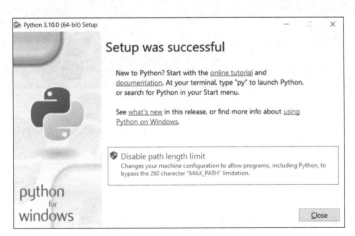

图 1-7

单击"documentation"链接，即可打开 Python 的帮助文档，如图 1-8 所示。

图 1-8

安装好 Python 后，在 Windows 的命令行窗口输入"python"命令，就可以打开 Python 的 Shell 命令行窗口，启动交互式解释器，如图 1-9 所示。

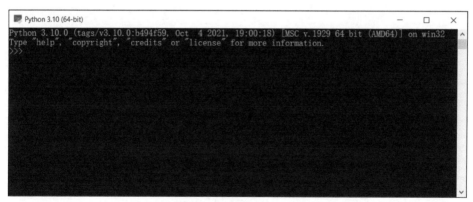

图 1-9

接下来，我们就可以在这个命令行窗口直接输入要执行的程序代码了。

1.2.2　macOS 下的 Python 安装

单击导航栏中的 Downloads 菜单，就可以看到，适合 macOS 系统的新版本也是3.10.0。我们可以直接单击按钮"Download Python 3.10.0"下载，如图1-10所示。

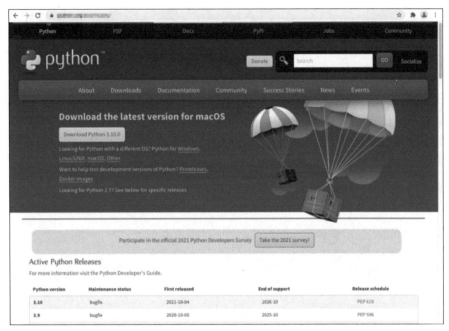

图 1-10

下载完成后，就可以看到一个安装文件，如图1-11所示。

图 1-11

双击安装文件，就会看到弹出的安装界面，然后直接单击"继续"按钮，如图 1-12 所示。

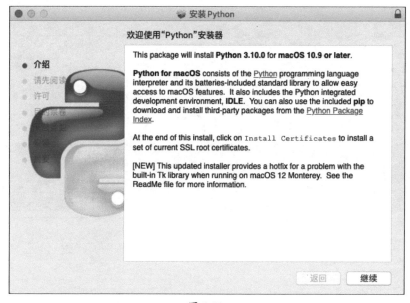

图 1-12

一直单击"继续"按钮，直到出现"安装"按钮并单击它，如图 1-13 所示。

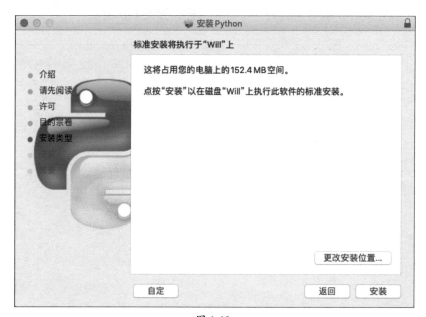

图 1-13

随后就会看到安装进度条一直向前推进，如图1-14所示。

图 1-14

这里什么也不需要做，等待一段时间，直到程序安装成功，如图1-15所示。

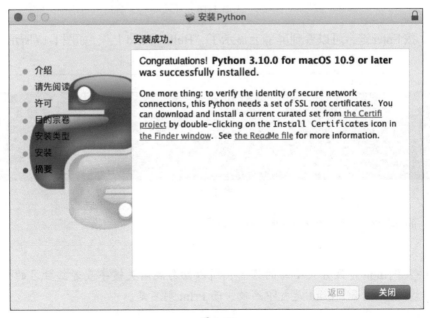

图 1-15

安装好 Python 后，在命令行窗口输入"python"命令，就可以打开 Python 的 Shell 命令行窗口，启动交互式解释器。

1.3　第一个程序 Hello World

安装好 Python 之后，我们先通过命令行窗口编写第一个 Python 程序，并尝试运行一下。

在命令行窗口中输入一行代码"print("Hello World！")"，如图 1-16 所示。这行代码表示要将"Hello World！"显示到屏幕上。因为本章我们只是介绍代码是什么样子的，所以读者可以不用太在意具体语句的含义（详见第 2 章）。

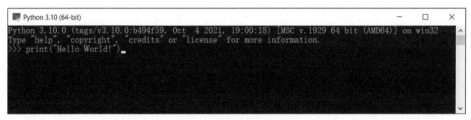

图 1-16

按 Enter 键，可以看到屏幕上显示了"Hello World！"，如图 1-17 所示。

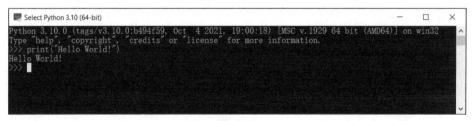

图 1-17

简单吧？！第一个程序就这样实现了。

提示　Python 是区分大小写的语言，所以切勿混淆关键字或者函数名的大小写，例如，print 是打印函数，而 Print 则不是。

1.4 开发工具 IDLE

1.4.1 IDLE 简介

对于简单的程序，我们可以在命令行窗口中完成，并且可以非常直观地看到想要的结果。可是，一旦关闭Python并重新打开它，我们就会发现之前编写的代码都丢失了。怎样才能让计算机"记住"我们输入的内容呢？

在实际开发程序时，我们总是要使用某个集成开发环境来写代码，然后将写好的代码保存到一个文件中。这样，当我们想要使用这些代码时，就可以打开这个文件并加以运行。这样一来，程序就可以反复执行了。

集成开发环境（Integrated Development Environment，IDE）是一种工具软件，其中包含程序员编写和测试程序所需的基本工具。集成开发环境通常包含源代码编辑器、编译器或解释器以及调试器。

在学习Python编程的过程中，我们少不了要接触IDE。这些Python开发工具可以帮助开发者加快开发速度，提高效率。IDLE是Python自带的集成开发环境，具备基本的IDE功能，包含交互式命令行、编辑器、调试器等基本组件，足以应付大多数简单应用的开发。安装好Python以后，IDLE就自动安装好了，不再需要另行安装。

IDLE 为初学者提供了一个非常简单的开发环境，可供他们轻松地编写和执行 Python 程序。IDLE有两个主要的窗口，分别是命令行窗口和编辑器窗口。接下来，我们看一下如何使用IDLE来编写程序。

1.4.2 用 IDLE 编写程序

在 Windows 环境下，有多种方法可以启动IDLE。既可以向前文介绍的那样，在 Windows 的命令行窗口直接输入"python"命令，打开 Python 的 Shell 命令行窗口，也可以通过快捷菜单或桌面图标等方式启动IDLE，如图1-18所示。

图 1-18

IDLE启动后的界面如图1-19所示。

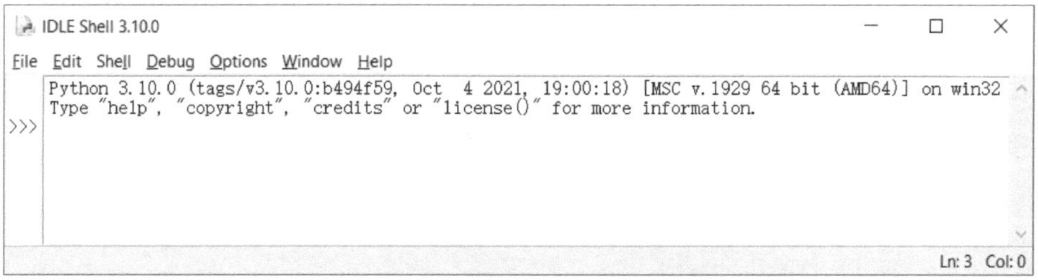

图 1-19

在IDLE窗口中，可以选择"File"菜单下的"New File"命令，打开一个新的文件窗口，如图1-20所示。

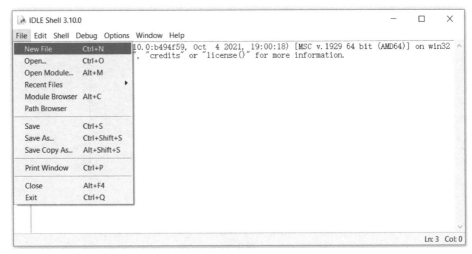

图 1-20

这时会弹出一个新的空白窗口，如图1-21所示。

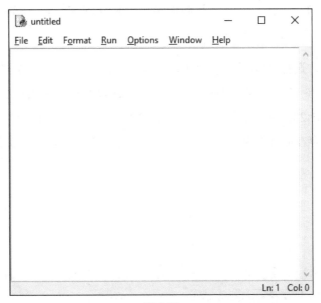

图 1-21

可以看到，这个窗口中没有任何内容，有待我们输入命令。我们把这个窗口称为"程序"窗口，以区别于编译器窗口。我们可以在程序窗口中输入需要的指令。这里输入了和前面我们在命令行窗口所输入的相同的代码，即"Print（"Hello World！"）"，如图1-22所示。

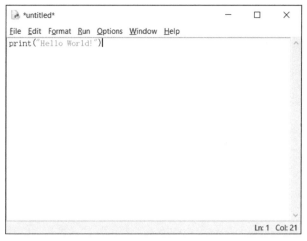

图 1-22

　　需要注意的是，这里没有命令行窗口那些"＞＞＞"提示符号，因为这些符号并不是程序的组成部分。编译器窗口通过这些提示符号，就知道我们当前是在编译器窗口工作，但是当我们编辑一个独立的文件时，就需要去掉这些由编译器导入的辅助符号。

　　接下来，选择"File"菜单下的"Save"命令，保存这个文件。因为是新文件，会弹出"Save As"对话框，我们可以在该对话框中指定文件名和保存位置，如图1-23所示。保存后，文件名会自动显示在屏幕顶部的标题栏中。如果文件中存在尚未保存的内容，标题栏的文件名前后会有星号出现。

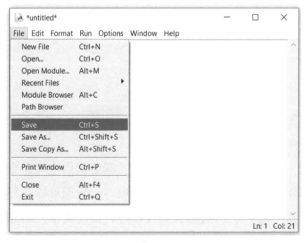

图 1-23

将文件保存到指定目录下，我们选择的路径是"D:\Python Programs\Ch01"，文件名为"1.1"，如图1-24所示。

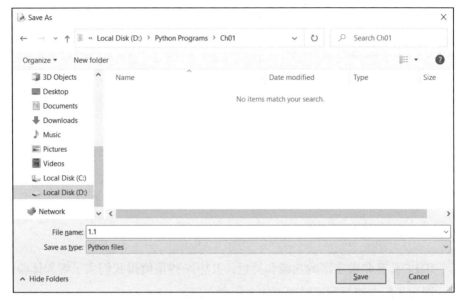

图 1-24

接下来，怎样运行这个程序呢？选择"Run"菜单中的"Run Module"命令，如图1-25所示。

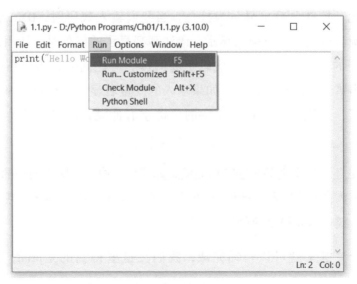

图 1-25

这样就可以得到这个程序的运行结果，在编译器窗口可以看到显示出来的"Hello World！"，如图1-26所示。

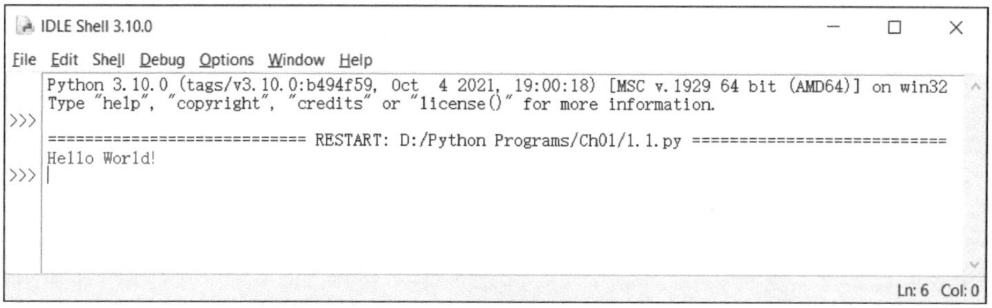

图 1-26

1.4.3 IDLE 的其他功能

IDLE具有非常丰富的功能和特色，其中一些很值得我们去了解和体验一下，因为我们在编写程序时很可能会用到它们。

IDLE支持语法高亮显示。所谓"语法高亮显示"，就是针对代码的不同元素，使用不同的颜色进行显示，其应用效果如图1-16所示。默认情况下，关键字显示为橙色，字符串显示为绿色，定义和解释器的输出显示为蓝色，控制台输出显示为棕色。当我们输入代码时，IDLE会自动应用这些颜色对代码进行突出显示。语法高亮显示的好处是，让用户更容易区分不同的语法元素，也让代码更易阅读。与此同时，语法高亮显示还降低了出错的可能性。比如，如果输入的变量名显示为橙色，那么你就需要注意了，这说明该名称与预留的关键字有冲突，所以必须给变量更换名称。

IDLE还可以实现关键字自动完成。如果用户输入关键字的一部分，例如输入一个P，就可以从"Edit"菜单选择"Expand Word"命令（或者直接按Alt+/组合键），如图1-27所示。

这个关键字就可以自动完成，我们在这里得到的是print，如图1-28所示。

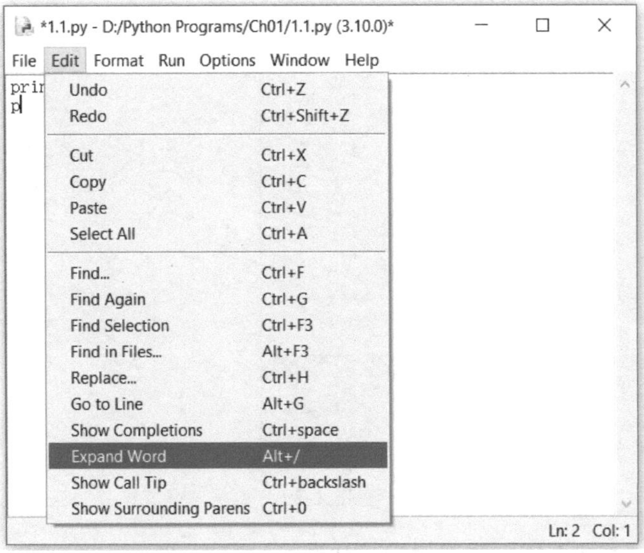

图 1-27

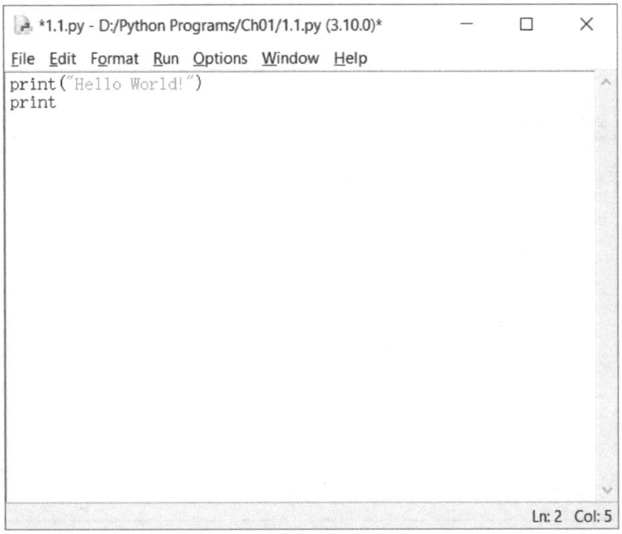

图 1-28

　　有时候，我们只记住了函数的开头几个字母，而不记得完整的函数名称，该怎么办？例如，input()函数可以接收标准输入数据，其返回值为string类型。如果我们只是隐约记住了in，而忘记了后边的put，这时就可以选择"Edit"菜单中的"Show Completions"命令（或者直接按Ctrl+Space组合键），如图1-29所示。

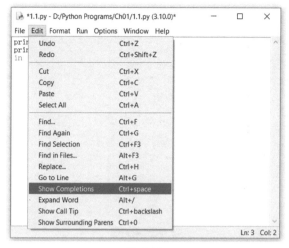

图 1-29

这时 IDLE 就会给出若干提示，如图 1-30 所示。

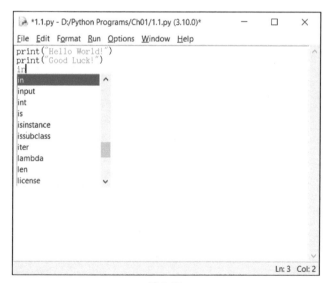

图 1-30

现在只要按 Enter 键，IDLE 就会自动完成此函数名。如果当前选定的函数不是我们想要的函数的话，还可以使用向上、向下的方向键进行查找。

IDLE 还有一些其他的功能，这里就不一一详述了，在本书后面用到的时候再进一步介绍。读者如果对 IDLE 的更多功能感兴趣，可以自行查询一下帮助文档。

1.5 小结

这是本书的第1章。在本章中，我们的主要任务是认识Python，了解如何安装Python及其自带的IDE——IDLE的功能和用法。

我们先介绍了程序设计和编程语言的概念，然后介绍了Python这种编程语言，并详细介绍了Python的特点。有了这些知识，我们就能理解为什么要学习Python编程。

接着，本章以Windows操作系统为例，介绍了如何下载和安装Python当前新的版本。本章分别介绍和展示了编写Python程序的方式，即使用命令行和使用IDE这两种方式。IDE是专业程序员编写较大的程序必不可少的工具。我们进一步学习了Python自带的IDE——IDLE的使用方式，了解了IDLE的功能和特点。

学完本章，你应该对Python及其编程工具有了一个初步的认识，为继续学习Python的语法、数据结构、函数等编程知识打下了基础。

第2章
认识小海龟

在第1章中，我们认识了Python并学习了如何安装Python以及如何使用IDLE来编写Python程序。你知道吗？Python中藏着一只可爱的小海龟，它可是一只具有美术天赋的小海龟啊！在本章中，我们一起来认识一下这只小海龟吧！

2.1 从 LOGO 语言说起

要彻底搞清小海龟的起源，我们先要从LOGO语言说起。1967年，美国麻省理工学院的西摩尔·帕普特教授指导下的一个研究小组，开发了一种名为LOGO的编程语言，这也是全球第一种针对儿童教学使用的编程语言。

与当时其他的计算机语言不同，LOGO最主要的功能是绘图，它第一次引入了turtle绘图体系（也叫作海龟绘图）。进入LOGO界面，光标将被一只闪烁的小海龟取代。输入"forward 50"（向前 50）、"right 90"（向右 90）这样易于理解的语言和指令后，小海龟将在画面上移动，画出特定的几何图形，如图 2-1 所示。

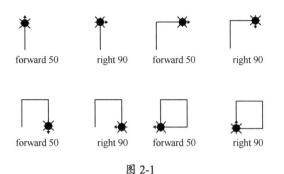

图 2-1

LOGO 语言虽然看起来简单，但其背后的知识是人工智能、数学逻辑以及发展心理学等学科的融合。LOGO 语言的语法简单，功能却很强大，简单的指令组合之后可以创造出非常多的东西。

2.2 模块

2.2.1 什么是模块

Python 中的模块（module）就是一个 Python 文件，以 .py 为扩展名，包含了 Python 对象的定义和 Python 语句。模块能够更有逻辑地组织 Python 代码段。把相关的代码分配到一个模块里，能够让代码更好用、更易懂。模块可以用来定义函数、类和变量，也能够包含可执行的代码。

安装 Python 时，不少模块会自动安装到本地的计算机上，可供用户免费使用。这些在安装 Python 时默认安装好的模块被统称为"标准库"。

我们可以使用 import 语句来导入模块。当解释器遇到 import 语句时，如果跟在 import 语句后面的模块在当前的搜索路径中，就会被导入。不管你执行了多少次 import 语句，一个模块只会被导入一次，这样可以防止一遍又一遍地执行导入模块操作。

2.2.2　导入模块

Python中有两种常用的导入模块的方法，我们先来看第1种方法：

```
import module_name
```

如果使用这种导入方式，那么我们在引用模块中的方法时，要在方法名称前加上"module_name."前缀。来看一个简单的示例：

```
import turtle
turtle.forward(100)
```

这两行代码中，第1句就是导入模块，第2句是调用模块中的forward()方法。

再来看看第2种导入模块的方法：

```
from module_name import *
```

使用这种方法可以导入module_name模块中的所有方法和变量，如果需要调用方法，就可以直接写方法名称，不需要再加"module_name."前缀。我们改写一下前面的示例。

```
from turtle import *
forward(100)
```

那么，什么时候使用第一种方法，什么时候使用第二种方法呢？如果你想有选择地导入某些属性和方法，同时又不想导入其他的属性和方法，就应该使用第一种方法。如果模块包含的属性和方法与你自己的某个模块同名，那么必须使用第一种方法来避免名字冲突。

如果想要经常访问模块的属性和方法，并且不想一遍又一遍地输入模块名，而且在导入的多个模块中不会存在相同名称的属性和方法，就可以使用第二种方法。我们会在本书后面的示例中使用第二种方法导入模块。

2.3 Python 里的小海龟——turtle 模块

Python标准库中有个turtle模块，俗称"海龟绘图"，它提供了一些简单的绘图工具，可以在标准的应用程序窗口中绘制各种图形。turtle模块就是所谓的"Python中的小海龟"，它最初就是源自LOGO编程语言，如今已经是Python的标准库了。如前所述，标准库是在安装Python时默认已经安装好的模块，也就是说，我们不需要单独安装这个库，只要调用import语句，就可以直接使用它。

turtle的绘图方式非常简单直观，就像有一只尾巴上蘸着颜料的小海龟在计算机屏幕上爬行，随着它的移动就能画出线条来。

使用海龟绘图，我们只用几行代码就能创建出令人印象深刻的视觉效果，还可以跟随海龟的移动轨迹，看到每行代码是如何影响它的移动的，这有助于我们更好地理解代码的逻辑。所以，海龟绘图也经常作为新手学习Python编程的一种工具。

2.3.1 turtle 的绘图体系

在开始学习和尝试使用turtle模块之前，我们先来了解一下其绘图原理和绘图体系的设置。

1. turtle 绘图画布布局

假设在计算机屏幕上有一块方形的画布，那么这张画布就是小海龟绘图的地方，如图2-2所示。

2. turtle 的平面坐标体系和坐标

有一只小海龟位于画布的中心，如果用平面坐标系来表示它的位置，就是（0，0），默认是朝向屏幕右侧的方向，也就是x坐标值增加的方向，如图2-3所示。导入turtle模块后，我们就可以通过调用turtle.forward(150)命令来让小海龟移动——它就会在屏幕上沿着自己所朝向的方向移动150个像素，绘制出一条线条。

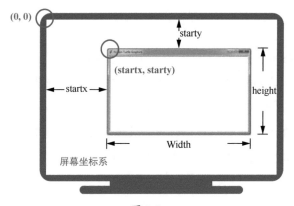

图 2-2

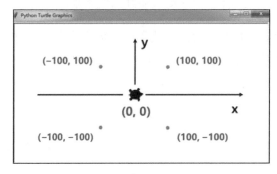

图 2-3

3. turtle 的角度坐标体系

如果我们执行一条 turtle.right(25) 命令，小海龟就会原地顺时针旋转 25 度。turtle 的角度坐标体系就是用来确定小海龟的朝向，并作为小海龟调整绘制方向的依据的，如图 2-4 所示。

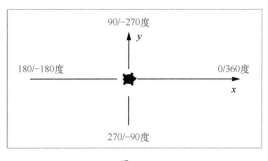

图 2-4

2.3.2 turtle 函数概览

前面我们提到的turtle.forward()和turtle.right()，都叫作"函数"（有时候也被称为"方法"或"命令"）。函数就是能够完成特定任务的语句的集合，其概念和用法另见后文。在这里，我们先来了解一下turtle的一些相关函数，看看小海龟到底有哪些神奇的本领。

和turtle相关的函数可以大致划分为turtle函数和屏幕函数两大类，如图2-5所示。

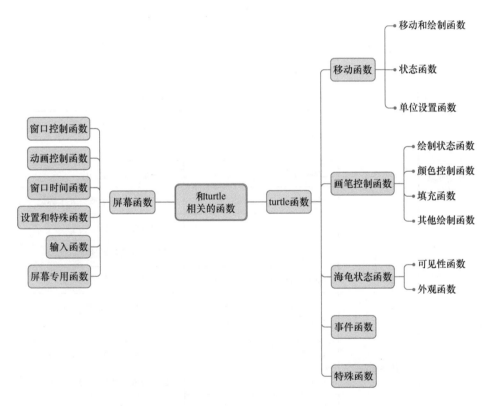

图 2-5

1. turtle 函数

turtle函数包括移动函数、画笔控制函数、海龟状态函数、事件函数和特殊函数，这些函数的子类别、函数名及其功能简要说明如表2-1所示。

表 2-1

类别	子类别	函数名	功能简要说明
移动函数	移动和绘制函数	forward()|fd()	向前移动
		backward()|bk()|back()	向后移动
		right()|rt()	向右旋转
		left()|lt()	向左旋转
		goto()|setpos()|setposition()	移动到指定位置
		setx()	设置 x 坐标
		sety()	设置 y 坐标
		setheading()|seth()	设置海龟朝向
		home()	将海龟移动到坐标原点 (0,0)
		circle()	绘制圆
		dot()	绘制点
		stamp()	将 turtle 形状的副本标记在画布上并返回其 ID
		clearstamp()	删除指定 ID 的标记
		clearstamps()	删除所有前 n 个或后 n 个标记
		undo()	撤销最近的动作
		speed()	设置海龟的移动速度
	状态函数	position() | pos()	返回海龟当前位置的坐标
		towards()	返回从海龟所在位置到指定位置的角度
		xcor()	返回海龟所在位置的 x 坐标
		ycor()	返回海龟所在位置的 y 坐标
		heading()	返回海龟的当前朝向
		distance()	返回海龟所在位置到指定位置的距离
	单位设置函数	degrees()	将角度单位设置为度
		radians()	将角度单位设置为弧度

续表

类别	子类别	函数名	功能简要说明
画笔控制函数	绘制状态函数	pendown() | pd() | down()	放下画笔，移动时绘制
		penup() | pu() | up()	抬起画笔，移动时不绘制
		pensize() | width()	设置画笔粗细并返回
		pen()	设置画笔属性
		isdown()	判断画笔是否放下
	颜色控制函数	color()	返回或设置画笔颜色或填充颜色
		pencolor()	返回或设置画笔颜色
		fillcolor()	返回或设置填充颜色
	填充函数	filling()	返回填充状态
		begin_fill()	在绘制一个待填充形状前调用
		end_fill()	填充上次调用 begin_fill() 后所绘制的形状
	其他绘制函数	reset()	将屏幕上的所有海龟设置为其初始状态
		clear()	删除屏幕上的所有海龟和所有绘图
		write()	写文本
海龟状态函数	可见性函数	showturtle() | st()	让海龟可见
		hideturtle() | ht()	让海龟不可见
		isvisible()	判断海龟是否可见
	外观函数	shape()	设置海龟的形状
		resizemode()	设置海龟的外观模式
		shapesize() | turtlesize()	设置海龟的画笔模式
		shearfactor()	设置或返回当前的剪切因子
		settiltangle()	将海龟旋转指定的度数
		tiltangle()	设置或返回当前的倾斜角度
		tilt()	将海龟从当前倾斜角度旋转指定的度数
		shapetransform()	设置或返回海龟的形状的当前转换矩阵
		get_shapepoly()	以坐标对元组的形式返回当前形状

续表

类别	子类别	函数名	功能简要说明
事件函数		onclick()	设置响应鼠标单击事件的函数
		onrelease()	设置响应鼠标释放事件的函数
		ondrag()	设置响应鼠标移动事件的函数
特殊函数		begin_poly()	开始记录多边形的顶点
		end_poly()	停止记录多边形的顶点
		get_poly()	返回最后记录的多边形
		clone()	创建并返回具有相同位置等属性的海龟克隆体
		getturtle() | getpen()	获取 trutle 对象本身
		getscreen()	返回正在绘制的对象
		setundobuffer()	设置或禁用撤销缓存
		undobufferentries()	返回撤销缓存中的条目数

2.屏幕函数

屏幕函数包括窗口控制函数、动画控制函数、窗口时间函数、设置和特殊函数、输入函数以及屏幕专用函数，这些函数的子类别、函数名及其功能简要说明如表2-2所示。

表 2-2

类别	子类别	函数名	功能简要说明
屏幕函数	窗口控制函数	bgcolor()	设置或者返回当前 TurtleScreen 的背景颜色
		bgpic()	设置背景图像或者返回当前背景图像的名称
		clear() | clearscreen()	从 TurtleScreen 删除所有绘图或所有海龟
		reset() | resetscreen()	将屏幕上的所有海龟重置为其初始状态
		screensize()	返回当前画布宽度和高度，或者重新设置海龟在其上绘制的画布的大小
		setworldcoordinates()	设置用户定义的坐标系统并且在必要时切换到世界坐标系模式
	动画控制函数	delay()	设置或返回绘制延迟的毫秒数
		tracer()	海龟动画开关，并且设置更新绘制的延迟
		update()	执行一次 TurtleScreen 更新

续表

类别	子类别	函数名	功能简要说明
屏幕函数	窗口时间函数	listen()	在 TurtleScreen 上设置焦点
		onkey() | onkeyrelease()	设置按键释放时响应执行的函数
		onkeypress()	设置按键按下时响应执行的函数
		onclick()|onscreenclick()	设置屏幕上鼠标单击事件时响应执行的函数
		ontimer()	安装一个定时器，它在 t 毫秒后调用指定的函数
		mainloop() | done()	开始事件循环
	设置和特殊函数	mode()	设置海龟模式并执行重置
		colormode()	返回颜色模式或者将其设置为 1.0 或 255
		getcanvas()	返回这个 TurtleScreen 的画布
		getshapes()	返回当前所有可用海龟形状名称的一个列表
		register_shape()| addshape()	向 TurtleScreen 的形状列表中添加一个海龟形状
		turtles()	返回屏幕上海龟的一个列表
		window_height()	返回海龟窗口的高度
		window_width()	返回海龟窗口的宽度
	输入函数	textinput()	弹出一个对话框窗，以输入一个字符串
		numinput()	弹出一个对话框窗，以输入一个数字
	屏幕专用函数	bye()	关闭海龟绘图窗口
		exitonclick()	把 bye() 方法绑定到屏幕上的鼠标单击事件
		setup()	设置主窗口的大小和位置
		title()	设置海龟窗口的标题

2.4　小结

在本章中，我们先从 LOGO 语言说起，介绍了模块的概念，并且认识了 Python 中的"小海龟"——turtle 模块。

Python标准库中有支持图形绘制的模块，可供我们绘制图形。Python中的模块（module）就是一个Python文件，以 .py 结尾，包含了 Python 对象的定义和Python语句。我们可以使用import语句来导入模块。

Python标准库中有个turtle模块，俗称"海龟绘图"，它提供了一些简单的绘图工具，可供用户在标准的应用程序窗口中绘制各种图形。我们探讨了turtle的绘图体系，包括其画布布局、平面坐标体系的原理和角度坐标体系的原理，还概括性地介绍了turtle的常用函数，以帮助读者了解这个模块大体上能够实现哪些基本的功能。

第 3 章
海龟绘图初体验

既然认识了Python中的"海龟",也了解了turtle的绘图方式和各种函数的基本功能,接下来让我们体验一下海龟绘图是如何工作的,也动手尝试一下前文提到的一些函数的用法和实际效果。

3.1 创建画布

首先,我们要导入turtle模块;其次,创建空白的窗口作为画布,窗口的大小是800个像素的宽度和800个像素的高度;最后,创建一支画笔,并且将光标形状设置为一只海龟。完整代码如清单3.1所示。

清单3.1

```
1 import turtle
```

```
2 window =turtle.Screen()
3 turtle.setup(width=800, height=800)
4 t=turtle.Pen()
5 turtle.shape("turtle")
```

　　运行上述代码，我们可以看到图3-1所示的窗口，中间有一只海龟。

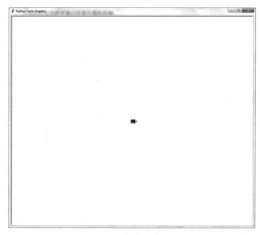

图 3-1

　　turtle程序窗口的绘图区域用的是直角坐标系，即可以使用x坐标和y坐标组成的一个坐标系统，将舞台映射为一个逻辑网格。我们将窗口的宽和高均设置为800像素。x轴的坐标从-400到400，而y轴的坐标也是从-400到400。海龟最初位于窗口绘图区域的正中央(0,0)，其头朝x轴的正方向，如图3-2所示。

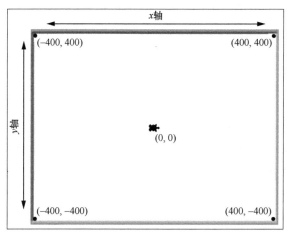

图 3-2

提示 一个像素就是计算机屏幕上的一个点,也就是可以表现出的最小元素。
我们在计算机屏幕上看到的东西都是由像素组成的。

3.2 移动海龟

接下来,我们想让海龟移动起来。控制海龟移动的命令有很多,我们先
来看一条简单的命令,用forward()方法让海龟向前移动100像素:

```
turtle.forward(100)
```

forward就是让海龟向前移动的命令,100是移动的距离。让海龟向后移
动的命令是backward,括号中的参数是移动距离,以像素为单位。我们还可
以让海龟改变方向,对应的命令left是向左旋转,命令right是向右旋转,这时
括号中的参数表示要旋转的角度。

我们来看清单3.2,运行这段代码,可以让海龟画出一个正方形。

清单3.2

```
1 import turtle
2 turtle.forward(100)
3 turtle.left(90)
4 turtle.forward(100)
5 turtle.left(90)
6 turtle.forward(100)
7 turtle.left(90)
8 turtle.forward(100)
```

可以看到海龟画出了一个正方形,并且末端的箭头朝下,如图3-3所示。

读者也许会感到奇怪,虽然名为“海龟绘图”,可是并没有看到海龟的踪
迹呀。这是因为,默认情况下,光标是个箭头,如果想看到这只可爱的小海
龟,需要调用shape()方法,并且把“turtle”作为参数传递给该方法。我们还
可以调用setheading()来设置小海龟启动时运动的方向,该函数的参数是个数
字,用于表示要旋转的角度。我们来看清单3.3。

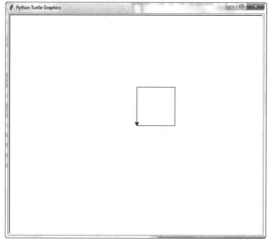

图 3-3

清单3.3

```
1 import turtle
2 turtle.shape("turtle")
3 turtle.forward(100)
4 turtle.setheading(180)
```

在上述代码中，我们先将光标改为小海龟，然后让它"绘出"一条直线，接下来让小海龟调个头，最后的效果如图3-4所示。

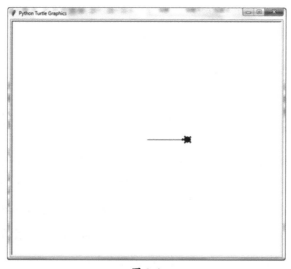

图 3-4

还有一个home()方法，可以让小海龟回到初始画笔的位置。我们在清单3.3后面增加一句turtle.home()，如清单3.4所示。

清单3.4

```
1 import turtle
2 turtle.shape("turtle")
3 turtle.forward(100)
4 turtle.seth(180)
5 turtle.home()
```

运行上述代码，小海龟又回到了初始的位置，如图3-5所示。

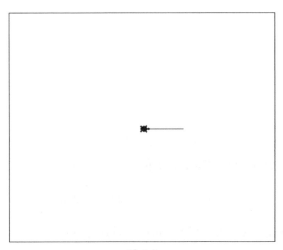

图 3-5

小海龟除了可以画直线，还可以绘制圆形和弧形。我们使用turtle.circle()函数来按照给定的半径画圆，这个函数有如下3个参数。

- Radius——半径，该参数的值为正数表示所画的圆的圆心位于画笔的左边，该参数的值为负数表示所画的圆的圆心位于画笔的右边。

- extent——弧度，这是一个可选的参数，如果没有指定值，表示画圆。

- steps——作半径为radius的圆的内切正多边形，多边形边数为steps。这也是一个可选的参数。

我们试着只用前两个参数画一个圆，参见清单3.5。

清单 3.5

```
1 import turtle
2 turtle.circle(100,360)
```

运行上述代码，得到的图形如图 3-6 所示。

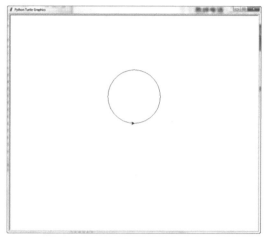

图 3-6

还有两个经常用到的和移动有关的方法，如下所示：

- turtle.goto(x,y) 可以把小海龟定位到指定的坐标；

- turtle.speed(speed) 可以修改小海龟运行的速度。

下面我们尝试在第 1 个圆的下面再绘制一个圆。具体步骤为：通过 speed() 方法将小海龟的移动速度设置为 2，调用 circle() 方法绘制第 1 个圆，然后通过 goto() 方法画一条向下的直线，接下来再绘制第 2 个圆。代码如清单 3.6 所示。

清单 3.6

```
1 import turtle
2 turtle.speed(2)
3 turtle.circle(100,360)
4 turtle.goto(0,-200)
5 turtle.circle(100,360)
```

运行上述代码，得到的结果如图3-7所示。

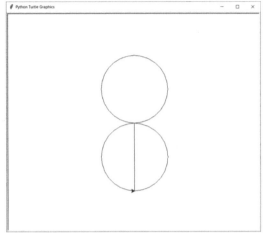

图 3-7

3.3 画笔控制

我们可以控制画笔起笔和落笔，进而可以决定是否在屏幕上留下运动的轨迹。调用penup()方法，表示抬起画笔，在此状态下不会留下运动的轨迹；调用pendown()方法，表示放下画笔，在此状态下会留下运动的轨迹。我们可以这么理解：小海龟执一支画笔，这支画笔或朝上或朝下，当画笔朝上时，小海龟在移动过程中什么也不画，当画笔朝下时，小海龟用画笔画下自己的轨迹。

我们把刚才绘制两个圆的代码稍做修改，绘制完第1个圆抬起画笔，然后把画笔移动到指定位置后，再放下画笔，代码如清单3.7所示。

清单3.7

```
1 import turtle
2 turtle.speed(2)
3 turtle.circle(100,360)
4 turtle.penup()
5 turtle.goto(0,-200)
6 turtle.pendown()
7 turtle.circle(100,360)
```

运行上述代码，得到的图形图 3-8 所示。

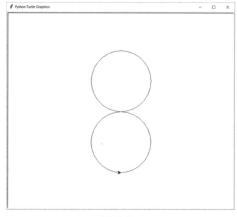

图 3-8

3.4　色彩

海龟绘图并不是只能用黑色画笔绘图，还可以使用其他颜色的画笔绘图，甚至可以为图形填充颜色。下面我们来介绍几个和颜色相关的函数。

- pencolor()：设置画笔颜色。

- fillcolor()：设置填充颜色。

- begin_fill()：填充形状前调用。

- end_fill()：填充形状后调用。

> 提示　光线有 3 种主要的颜色：红色、绿色和蓝色。如果将这 3 种颜色以不同的量组合起来，可以形成其他的颜色。在 Python 中，我们使用 3 个整数的元组来表示颜色。元组中的第 1 个值用来表示颜色中有多少红色。值为 0 表示该颜色中没有红色，而 255 表示该颜色中的红色达到最大值。第 2 个值表示绿色，而第 3 个值表示蓝色。这些用来表示一种颜色的 3 个整数的元组，通常称为 RGB 值。
>
> 我们可以针对 3 种主要的颜色使用 0 ～ 255 的任意组合，这就意味着 Python 可以绘制 16 777216 种不同的颜色，即 256×256×256 种颜色。

然而，如果试图使用大于 255 的值或负值，就会得到类似"ValueError: invalid color argument"的错误。

例如，我们创建元组 (0, 0, 0) 并将其存储到一个名为 BLACK 的变量中。没有红色、绿色和蓝色，最终的颜色是纯黑色。黑色实际上就是颜色值均为 0。元组 (255,255,255) 表示红色、绿色和蓝色都达到最大量，最终得到的是白色。元组 (255,0, 0) 表示红色达到最大量，绿色和蓝色为 0，因此最终得到的是红色。类似地，(0, 255, 0) 表示绿色，而 (0, 0, 255) 表示蓝色。

我们通过一个简单的示例，来看看如何使用色彩。代码如清单3.8所示。

清单3.8

```
1 import turtle
2 turtle.pencolor("red")
3 turtle.fillcolor("green")
4 turtle.begin_fill()
5 turtle.circle(90)
6 turtle.end_fill()
```

首先，调用pencolor()方法将画笔设置为红色；接着调用fillcolor()方法将填充色设置为绿色；然后调用begin_fill()方法，表示要开始填充；接下来，调用circle()方法绘制圆，画笔是红色的，填充是绿色的，半径为90像素；最后，调用end_fill()方法结束填充。效果如图3-9所示。

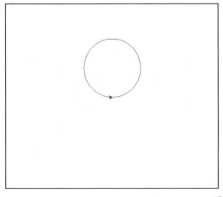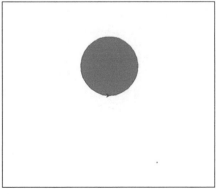

图 3-9

除了可以直接输入颜色的"英文名称"（如清单3.8中的red和green），我们还可以直接指定颜色的RGB色彩值。海龟绘图有一个colormode()函数，可以用来指定RGB色彩值范围为0~255的整数或者0~1的小数。参数的值为255，表示采用0~255的整数值；参数的值为1.0，表示采用0~1的小数值。代码如清单3.9所示。

清单3.9

```
1 import turtle
2 turtle.colormode(255)
3 turtle.pencolor(255,192,203)
4 turtle.circle(90)
5 turtle.colormode(1.0)
6 turtle.pencolor(0.65,0.16,0.16)
7 turtle.circle(45)
```

上述代码两次调用了colormode()函数，第一次传给它的参数是255，而后面的pencolor()函数就用0~255的整数作为参数来表示RGB色彩值——这里的（255,192,203）表示画笔的颜色是粉红色，然后绘制了一个大圆。接下来，再次调用colormode()函数，而后面的pencolor()函数就用0~1的小数作为参数来表示RGB色彩值——这里的（0.65,0.16,0.16）表示画笔的颜色是棕色，然后绘制了一个小圆。运行代码，得到的效果如图3-10所示。

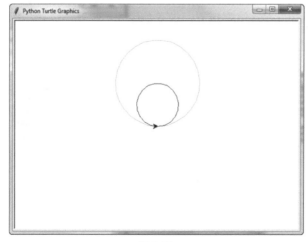

图 3-10

3.5 奥运五环

接下来，我们用海龟绘图工具来绘制一个奥运五环图案。代码如清单3.10所示。

清单3.10

```
1 import turtle
2 turtle.color("blue")
3 turtle.penup()
4 turtle.goto(-120,0)
5 turtle.pendown()
6 turtle.circle(50)
7 turtle.color("black")
8 turtle.penup()
9 turtle.goto(0,0)
10 turtle.pendown()
11 turtle.circle(50)
12 turtle.color("red")
13 turtle.penup()
14 turtle.goto(120,0)
15 turtle.pendown()
16 turtle.circle(50)
17 turtle.color("yellow")
18 turtle.penup()
19 turtle.goto(-60,-50)
20 turtle.pendown()
21 turtle.circle(50)
22 turtle.color("green")
23 turtle.penup()
24 turtle.goto(60,-50)
25 turtle.pendown()
26 turtle.circle(50)
```

运行上述代码，得到的效果如图3-11所示。

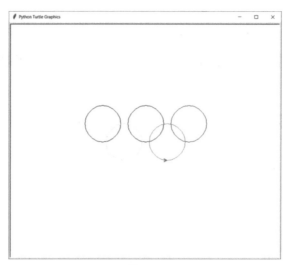

图 3-11

3.6　小结

在本章中，我们通过编写简单的程序来展示海龟绘图工具的用法，还展示了前面所提到的一些函数的功能和效果。读者可以从中了解到如何用几行代码创建出令人印象深刻的视觉效果，还可以目睹每行代码是如何影响小海龟的移动轨迹的。

第4章
for 循环

在本章中，我们要学习循环的概念以及如何在程序设计中使用循环。为了帮助读者更好地理解循环，我们先来看看小海龟绘制圆的例子。

4.1 绘制 4 个圆

我们在第3章中学习了如何用海龟作图工具来绘制一个圆。在本节中，我们尝试让小海龟来绘制4个圆。代码如清单4.1所示。

清单4.1

```
1 import turtle
2 turtle.bgcolor('black')
3 turtle.pencolor('red')
```

```
4 turtle.circle(100)
5 turtle.left(90)
6 turtle.circle(100)
7 turtle.left(90)
8 turtle.circle(100)
9 turtle.left(90)
10 turtle.circle(100)
11 turtle.left(90)
```

首先，导入 turtle 模块，然后将背景颜色设置为黑色，将画笔颜色设置为红色。接下来，绘制一个直径为 100 的圆。注意，小海龟默认初始位置在窗口中央。绘制完第 1 个圆之后，小海龟（也就是画笔的方向）向左旋转 90 度，继续绘制一个直径为 100 的圆，即第 2 个圆。然后，再次向左旋转 90 度，再绘制一个直径为 100 的圆。最后，继续向左旋转 90 度，绘制一个直径为 100 的圆。运行上述程序，得到的效果如图 4-1 所示，即相交于窗口中心点位置的 4 个红色的圆。

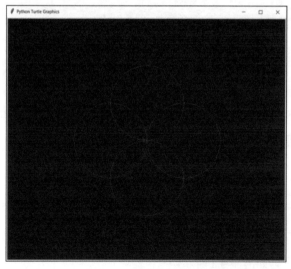

图 4-1

4.2　循环的概念和程序的 3 种结构

观察清单 4.1，你会发现 turtle.circle(100) 和 turtle.left(90) 这两条命令重复

出现了4次，也就是说，绘制一个直径为100的圆然后向左旋转90度这两个动作，重复执行了4次。

在生活中，我们经常会遇到类似这样重复执行相似动作或过程的场景，即需要不断重复地做某一件事情，直到某一个条件不成立。例如，只要还没有放学，我们就要一节课接着一节课地上下去；长跑2000米，就是要沿着学校400一圈的操场跑5圈，等等。

众所周知，计算机特别擅长做重复的事情。我们可以通过名为"循环"的结构，来准确、快速、方便地完成重复的事情。

一般来讲，程序有3种基本结构：顺序结构、选择结构和循环结构。

- 顺序结构：语句按照从上向下的顺序一条一条地执行。我们在第3章中编写的程序都是顺序结构的。

- 选择结构：根据一个条件判断来确定程序的执行路径，当条件判断为真时，程序执行一条或多条语句，当条件判断为假时，程序执行另外的一条或多条语句。我们将在第7章介绍布尔类型、条件语句和选择结构。

- 循环结构：如前所述，不断重复地做某一件事情，直到某一个条件不成立。也就是说，有一个判断条件用于确定是否执行循环，只要这个条件为真，就继续执行循环体中的语句，一旦这个判断条件为假，就跳出循环。

在这3种结构中，循环结构是相对来讲比较复杂的结构，而且在Python语言中，存在for循环和while循环两种形式。在本章中，我们重点介绍for循环，并会在第8章详细讲解while循环。

4.3 算法和流程图

我们经常说到"算法"这个概念。"算法"是指在有限的步骤内求解某一类问题所使用的具有精确定义的一系列操作规则，简单来说，就是解决某一类问题的方法和步骤。一般来说，我们要用计算机编程解决一个问题时，要经过分析问题、设计和描述算法、编写程序和调试程序这样4个步骤。设计和描述算法在这个4个步骤中处于核心且不可或缺的位置。

描述算法的方法可以分为以下3种。

- 自然语言描述：用人们日常所用的、能读懂的语言，以简短语句的形式对算法进行描述。自然语言描述具有不简洁、容易有歧义性等缺点。

- 伪代码描述：用介于自然语言和计算机语言之间的文字和符号来描述算法的工具。业内对于伪代码没有统一的规定，只要定义合理，没有矛盾就可以。伪代码书写方便、易于理解，便于向计算机程序设计语言过渡，规避了程序设计语言严格、烦琐的书写格式，吸取了程序语言代码的精炼。但是，由于伪代码不够规范、不符合计算机语言的语法，因此不能被计算机所识别。

- 流程图描述：以特定的图形符号辅以说明来表示算法的图称为流程图或框图。流程图常用的图形符号如表4-1所示。

表 4-1

符号	符号名称	功能说明
⬭	起止框	表示算法的开始和结束
▭	处理框	表示执行一个步骤
◇	判断框	表示要根据条件选择执行路线
▱	输入/输出框	表示需要用户输入或由计算机输出的信息
↓ →	流程框	表示流程的方向

通过比较上述的3种算法描述方法不难发现，对于编程初学者尤其是青少年来说，流程图是比较容易学习、理解和掌握的。在本书中，对于一些重要的语句和复杂的程序，我们也会采用流程图的方式加以描述和讲解，以帮助读者加深理解、快速掌握相应内容。

程序的3种基本结构（见4.2节），可以用流程图的方式来表示，如图4-2所示。这样看起来就直观了很多。

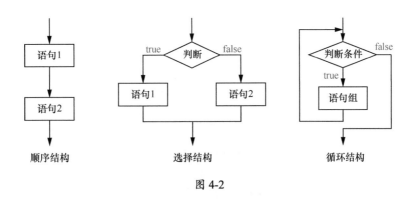

图 4-2

4.4 for 循环

我们前面介绍了循环的概念，那么，在Python编程中，如何实现循环呢？

for循环是Python编程语言常用的一种循环，可以将同一段代码重复执行一定的次数。for循环使得编写一个循环变得更简单了：只需要创建一个变量，当条件为真时一直循环，并且在每轮循环的末尾修改变量即可。

在Python中，for语句包含以下部分：

- for关键字；

- 变量；

- in关键字；

- 范围；

- 冒号；

● 从下一行开始，缩进的代码块。

for循环可以遍历任何序列的项目，如一个列表或者一个字符串。其语法
格式如下：

```
for iterating_var in sequence:
    statements(s)
```

其流程图如图4-3所示。

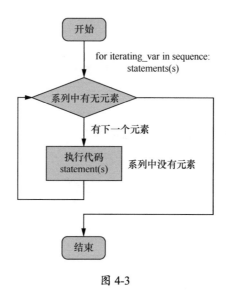

图 4-3

for循环一种很常见的用法是，对列表中每个元素执行操作，或者对字符
串中的每个字符执行操作（遍历或迭代）。例如，清单4.2中的for循环会把动
物园中的动物名称打印出来。

清单4.2

```
1 animals=["Tiger","Lion","Panda","Bear","Welf"]
2 for animal in animals:
3     print("This zoo contains a"+animal+".")
```

运行上述程序，结果如图4-4所示。

```
IDLE Shell 3.10.0                                                    —   □   ×
File  Edit  Shell  Debug  Options  Window  Help
      Python 3.10.0 (tags/v3.10.0:b494f59, Oct  4 2021, 19:00:18) [MSC v.1929 64 bit (AMD64)] on win32
      Type "help", "copyright", "credits" or "license()" for more information.
>>>
      ================== RESTART: D:/Python Programs/ch04/4.2.py ==================
      This zoo contains a Tiger.
      This zoo contains a Lion.
      This zoo contains a Panda.
      This zoo contains a Bear.
      This zoo contains a Welf.
>>>
                                                                        Ln: 9  Col: 0
```

图 4-4

对于这里提到的"列表""字符串"等概念，读者可以暂时先不去深究，详细内容参见后文。

我们会在第 8 章介绍 Python 中的另一种循环——while 循环。

4.5　用 for 循环绘制 4 个圆

了解 for 循环的基本用法之后，接下来我们用它来编写绘制 4 个圆的程序。代码如清单 4.3 所示，该程序的运行结果和清单 4.1 的一致，如图 4-1 所示。

清单 4.3

```python
1 import turtle
2 turtle.bgcolor('black')
3 turtle.pencolor('red')
4 for x in range(4):
5     turtle.circle(100)
6     turtle.left(90)
```

但是，我们可以很明显地看到，代码从 11 行减少到了 6 行，而且程序的逻辑变得更加清晰、整洁了。

我们来整理一下思路：如果要使用循环，首先需要确定循环结束的条件，其次找出要重复执行的操作，最后用循环结构来实现算法，将循环控制条件和重复执行语句分别放到正确的位置。

4.6 range() 函数

在清单4.3中，我们看到for语句中有一个range() 函数。range()函数是Python的内置函数，可以用于创建一个整数列表，一般用在 for 循环中。

range函数的语法如下：

```
range(start, stop[, step])
```

其中各参数的含义和用法如下。

- start：计数从 start 开始，默认是 0。例如，range(4)等价于range(0,4)；

- stop：计数到 stop 结束，但不包括 stop。例如，range(0,4)得到的是列表[0, 1, 2, 3]，其中没有4；

- step：步长，默认为1。例如，range(0, 4) 等价于 range(0, 4, 1)。

我们来看一个例子，在命令行窗口中输入如下代码：

```
>>>
>>> for i in range(4):
print(i)
```

按Enter键后，程序将在屏幕上打印出0、1、2、3这4个数。

4.7 循环绘圆程序及其扩展

接下来，我们通过修改和扩展循环绘圆程序，来感受一下range() 函数在循环结构中的强大威力吧！

首先，我们可以来扩大range() 函数生成的列表范围，以绘制更多的圆。我们先把循环次数改为100，将每次绘制的圆的半径增加1像素，每次绘制完一个圆，让画笔方向向左旋转90度。修改后的代码如清单4.4所示。

清单4.4

```
1 import turtle
```

```
2  t=turtle.pen( )
3  turtle.bgcolor('black')
4  turtle.pencolor('red')
5  for x in range(100):
6      turtle.circle(x)
7      turtle.left(90)
```

运行上述代码，结果如图4-5所示。

我们还可以设置range()函数的开始值和结束值，从而更加精确地控制所绘制图形的次数和范围，如清单4.5所示。

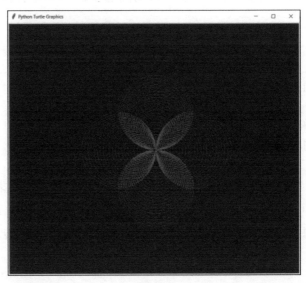

图 4-5

清单4.5

```
1  import turtle
2  for x in range(10,40):
3      turtle.forward(100)
4      turtle.left(175)
```

在第4行代码中，我们设置了range()函数的起始值为10，结束值为40，每次默认增加1。这样，小海龟每次都可以绘制一条100像素长的直线，然后向左旋转175度，继续绘制。最终绘制出的图形如图4-6所示。

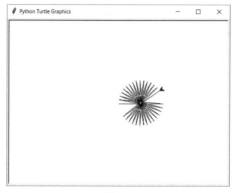

图 4-6

我们还可以设置range()的步长，以精确地控制循环执行的次数，如清单4.6所示。

清单4.6

```
1 import turtle
2 for x in range(1,16,2):
3     turtle.forward(100)
4     turtle.left(225)
```

在第2行代码中，我们设置了range()的起点值、终点值和步长，这样一来，range(1,16,2)所生成的列表就是[1,3,5,7,9,11,13,15]。于是，循环会执行8次，小海龟每次都会绘制一条100像素长的直线，然后向左旋转225度，继续下一次绘制。最终绘制出的图形如图4-7所示。

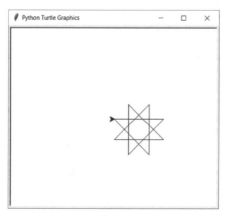

图 4-7

4.8 小结

在本章中，我们首先展示了用海龟绘图工具绘制 4 个圆的一个小程序，然后介绍了循环的概念以及程序设计常用的 3 种结构。循环结构是 3 种结构中常用且重要的一种结构。接下来，我们介绍了算法和流程图的概念，进一步介绍了编写程序的一般步骤：分析问题、设计算法、编写程序和调试程序。

本章重点介绍了 for 循环的概念，并且用 for 循环实现了绘制 4 个圆的小程序，帮助读者进一步认识循环结构的优点——代码简洁、逻辑清晰；还介绍了 for 循环中经常用到的 range() 函数的概念和用法；最后，使用循环结构扩展了绘制圆的程序，展示了 for 循环的强大功能。

5.1 变量

编程总是离不开对数据的使用。那么，什么是数据呢？"数据"就是我们保存在各种数据类型、数据结构或数据库中的信息。例如，你的名字是一条数据，年龄也是一条数据。头发的颜色，有几个兄弟姐妹，住在什么地方，是男生还是女生——这些都是数据。

5.1.1 理解变量的概念

"变量"就像一个用来装东西的盒子，我们把要存储的东西放在这个盒子里面，为便于记忆，再给这个盒子起一个名字。当我们需要用到盒子里的东西时，只要说出这个盒子的名字，就可以找到其中的东西了。盒子里的东西是可以变化的，也就是说，我们可以把盒子里原有的东西取出来，再把其他的东西放进去。例如，我们将这个盒子（变量）命名为box，在其中放入数字12，那么以后就可以用box来引用这个变量，它的值就是12。当我们把12从盒子中取出，再放入另一个数字21时，如果此后再引用变量box，它的值就变成21了，如图5-1所示。

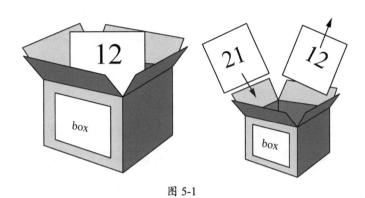

图 5-1

提示　变量是存储在内存中的值。这就意味着，如果我们创建变量，就会在内存中开辟一个空间。根据变量的数据类型，解释器会分配指定的内存，并决定什么数据可以存储在内存中。因此，我们可以为变量指定不同的数据类型，使之可以存储整数、小数或字符。

在Python中，声明变量很简单，只需直接为变量起一个名字，并且用等号（＝）为它赋值——这个等号叫作"赋值运算符"。位于赋值运算符（＝）左侧的是变量名，位于赋值运算符（＝）右侧的是存储在变量中的值。

例如，我们声明一个名为"box"的变量，然后将12赋值给变量box：

```
>>> box=12
```

然后，我们可以在提示符后面输入box，来看一下这个变量中的内容：

```
>>> box
12
```

我们看到box中的内容是12。如果我们将数字21重新赋值给box，那么box的值就会从12变为21，这就相当于图5-1所示的操作。代码如下：

```
>>> box=21
>>> box
21
```

> **提示**　如果代码前面有 >>>，表示这是在命令行窗口执行的语句；如果代码前面没有 >>>，表示这是要在编辑器窗口完成的代码。

5.1.2　变量的命名规则

变量名可以包含字母、数字和下画线，但是数字不能作为变量的开头。例如，name1 是合法的变量名，而 1name 就不是，如下所示：

```
>>> name1=5
>>> 1name=3
SyntaxError: invalid syntax
```

可以看到，当变量名称有问题时，会出现红色的错误提示 "SyntaxError: invalid syntax"，这表示出现了语法错误。

Python 的变量名是区分大小写的，例如，name 和 Name 两个不同的变量，而不是相同的变量。变量 name 中的内容是 "John"，变量 Name 中的内容是 "Johnson"，这是两个不同的变量，如下所示：

```
>>> name="John"
>>> Name="Johnson"
>>> name
'John'
>>> Name
'Johnson'
```

另外，也不要将 Python 的关键字和函数名作为变量名使用。例如，如果我们用关键字 if 当作变量并且为它赋值，系统直接就会报错：

```
>>> if=3
```

```
SyntaxError: invalid syntax
```

提示　解释器在加载上下文时，如果遇到一些预先设定的变量值，就会触发解释器内置的一些操作，这些预先设定的变量值就是关键字。

变量名不能包含空格，但可以使用下画线来分隔其中的单词。例如，变量名greeting_message是可以的，但变量名greeting message会引发错误：

```
>>> greeting_message="Hello"
>>> greeting message="Hello"
SyntaxError: invalid syntax
```

提示　Python变量的命名规则：（1）变量名可以由字母、数字和下画线组成，但是不能以数字开头；（2）变量不能与关键字重名；（3）变量名是区分大小写的；（4）变量名不能够包含空格，但可使用下画线来分隔其中的单词。

通常，我们习惯于变量以小写字母开头，除了第一个单词，其他单词的首字母均大写，如numberOfCandies。

除了上述变量命名方法，也很常用。所谓"骆驼拼写法"，就是将每个单词首字母大写，如NumberOfCandies。之所以把这种拼写方法叫作"骆驼拼写法"，是因为其形式看上去有点像是骆驼的驼峰，如图5-2所示。

图 5-2

5.1.3　多个变量赋值

我们还可以用一条语句，同时为多个变量赋值，例如，可以将a、b和c都设置为1：

```
>>> a=b=c=1
```

这叫作"多变量赋值"。现在，我们可以看到变量a、b和c现在都等于1：

```
>>> a
1
>>> b
1
>>> c
1
```

5.1.4　增量赋值

在Python3中，等号可以和一个算术操作符组合在一起，将计算结果重新赋值给左边的变量，这叫作"增量赋值"。示例如下：

```
>>> age=9
>>> age+=1
>>>
10
```

提示　增量赋值通过使用赋值操作符，将数学运算隐藏在赋值过程当中。和普通赋值相比，增量赋值不仅是写法上的改变，其有意义之处在于，赋值运算符左边的对象仅处理和操作了一次。

5.2　使用变量来绘制螺旋线

其实我们在前面的章节中已经见过并用到变量，只不过那时还没有正式介绍变量的概念和具体用法。在本节中，我们使用变量，让小海龟来绘制一些漂亮的螺旋线，代码如清单5.1所示。

清单5.1

```
1  import turtle
2  turtle.bgcolor('black')
3  turtle.pencolor('red')
4  sides=6
5  for x in range(360):
6      turtle.forward(x * 3/sides + x)
7      turtle.left(360/sides+1)
8      turtle.width(x*sides/200)
```

从第4行代码开始，我们定义了一个变量sides，用于确定螺旋线所构成的多边形的边数。在这里，我们将sides的值设置为6，也就是沿着六边形来绘制螺旋线。在for循环中，每次都根据sides来计算出小海龟绘图时前进的像素数、向左旋转的角度以及画笔宽度增加多少。最终的绘制结果如图5-3所示。

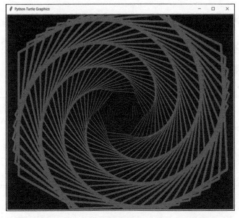

图 5-3

怎么样？看上去还挺酷炫的吧！你也可以把sides变量修改为其他的值，然后运行程序，看看绘制的结果有什么不同。

5.3　内置函数

在第4章中，我们介绍range()函数时提到它是Python的内置函数。那么，到底什么是内置函数呢？

内置函数就是某种编程语言系统已经预先定义的函数，可以极大地提升编程的效率和程序的可读性。内置函数是相对于自定义函数来说的，这是因为用户为了解决某个问题而自己动手编写函数，所以将这些函数称为"自定义函数"。自定义函数要先定义，然后才能调用，我们将在第 9 章中详细介绍自定义函数的概念和用法。而内置函数则可以拿来直接使用。

我们再来看看 Python 内置函数的一个示例——input() 函数。input() 函数接受一个标准输入数据，返回为 string 类型。input() 函数会等待用户在键盘上输入一些文本并按下 Enter 键，由此获取用户输入的文本。

input() 函数的语法如下：

```
input([prompt])
```

其中，prompt 是直接显示在屏幕上的提示信息。

在下面的示例中，我们使用 input() 函数先将输入的字符串赋给变量 myName，再调用 print() 函数，在括号中包含表达式 "My Name is"+myName，然后就可以将拼接好的字符串输出到屏幕上。

```
>>> myName=input()
Johnson
>>> print("My name is"+myName)
My name is Johnson
```

5.4　改进螺旋线的绘制程序

在前面的绘制螺旋线的程序中，定义变量 sides 时，就将其赋值为 6，也就是说，指定了沿着六边形来绘制螺旋线。这种在程序中直接将值写入变量的方法，会使得程序不够灵活，假设用户想要更改绘制螺旋线的多边形的边数，那就只能打开程序并修改变量 sides 的值了。

那么，有没有什么更加灵活的方式，在程序运行的时候，让用户自己确定要沿着几边形来绘制螺旋线呢？到目前为止，我们使用的画笔颜色都是红色，有没有什么办法让用户选择自己喜爱的画笔颜色呢？

当然有，马上就轮到input()函数大显身手了。我们使用input()函数，改写绘制螺旋线的程序，如清单5.2所示。

清单5.2

```
1 import turtle
2 turtle.bgcolor('black')
3 turtle.pencolor(input('请输入画笔颜色：'))
4 sides= int(input('请输入绘制几条边：'))
5 for x in range(360):
6     turtle.forward(x * 3/sides + x)
7     turtle.left(360/sides + 1)
8     turtle.width(x*sides/200)
```

在第4行代码中，我们使用input()函数来向屏幕显示提示信息"请输入画笔颜色"。这里，用户需要输入想要使用的画笔颜色名称，如"red""green""yellow"等。前文提到，input()函数会将用户输入的颜色转换为字符串，并且将其作为turtle.pencolor()的参数，从而将画笔颜色设置为用户指定的颜色。

在第4行代码中，input()函数首先提示用户输入要绘制的螺旋线所构成的多边形的边数，然后等待用户输入，得到用户输入的字符串后，int()函数将其转换为整型，然后再赋值给sides变量。这样就指定了多边形的边数。

运行上述代码，在Shell窗口会出现图5-4所示的提示信息。

```
IDLE Shell 3.10.0*                                              –   □   ×
File  Edit  Shell  Debug  Options  Window  Help
Python 3.10.0 (tags/v3.10.0:b494f59, Oct  4 2021, 19:00:18) [MSC v.1929 64 bit (AMD64)] on win32
Type "help", "copyright", "credits" or "license()" for more information.
>>>
==================== RESTART: D:\Python Programs\ch05\5.2.py ====================
请输入画笔颜色：yellow
请输入绘制几条边：5
                                                                    Ln: 7 Col: 0
```

图 5-4

可以看到，用户指定了画笔颜色为"yellow"，并且使之沿着五边形绘制螺旋线。当用户完成输入并按Enter键后，程序继续运行并按照用户指定的方式绘制螺旋线，如图5-5所示。

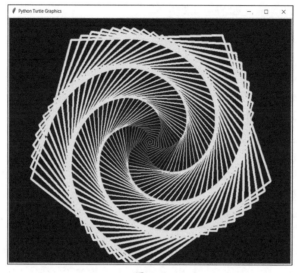

图 5-5

接下来，我们再看一段程序，如清单5.3所示。

清单5.3

```
1 import turtle
2 t=turtle.Pen()
3 t.pencolor('red')
4 for x in range(100):
5     t.circle(100)
6     t.left(91)
```

在导入turtle模块后，我们马上把turtle.Pen对象赋值给一个变量t。可以看到，变量不仅可以用来存储值，还可以用来存储对象。这里的t就相当于turtle.Pen对象的一个别名了。在后面的for循环中，我们就可以用t来表示海龟的画笔对象并且通过t来调用turtle模块的函数了。在每一次循环中，我们先绘制一个直径为100像素的圆，然后将画笔方向向左旋转91度。

运行上述代码，程序绘制的图形如图5-6所示。

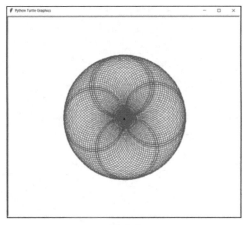

图 5-6

5.5　小结

变量是程序设计中必不可少的概念。在本章中，我们首先介绍了变量的概念，然后介绍了 Python 编程中的变量命名规则，讲解并展示了变量赋值的方式。随后，我们通过用海龟绘图绘制螺旋线的程序示例，介绍了如何使用变量。

我们还进一步介绍了内置函数的概念，并且以 input() 函数为例，展示了如何获取用户的输入并将其存储到变量中。最后，通过改进绘制螺旋线的程序，我们了解到将变量和用户输入结合起来，可以增强程序的灵活性和可用性。此外，变量不仅可以存储简单的数据类型，还可以用来存储对象，在程序中发挥更大的作用。

第6章
数据类型

要编程，总是离不开操作数据。那么，什么是数据呢？数据就是我们保存在各种数据类型、数据结构或数据库中的信息。例如，你的名字是一条数据，年龄也是一条数据。头发的颜色，有几个兄弟姐妹，住在什么地方，是男生还是女生——所有这些都是数据。

Python 3中有6种标准的数据类型：数字、字符串、列表、元组、字典和集合。本章会介绍其中最常用的两种类型：数字和字符串。在后续章节中，我们还会介绍其他的数据类型。

6.1 数字

6.1.1 整数和数学运算

Python将不带小数点的正整数和负整数统称为"整数"。在Python中，我们可以对整数执行加、减、乘、除等基本的数学运算。要做这些运算，我们要用到算术操作符 +、-、* 和 /。我们来看一个比较复杂的示例，即 12345 加 56789 等于几。代码如下：

```
>>> 12345+56789
69134
```

心算这道题，并不是很容易，但是 Python 可以实现快速计算。我们还可以一次把多个数字加在一起：

```
>>> 22+33+44
99
```

Python 还可以做减法运算：

```
>>> 1000-17
983
```

还可以使用星号（*）做乘法运算：

```
>>> 123*456
56088
```

使用斜杠（/）进行除法运算：

```
>>> 12345/25
493.8
```

我们还可以把这些简单的运算组合成一个较为复杂的计算：

```
>>> 987+47*6-852/3
985.0
```

按照数学的规则，乘法和除法总是在加法和减法之前进行，Python 也遵循这个规则。图 6-1 展示了 Python 执行计算的顺序。首先，进行乘法运算，47*6 得到 282。然后，进行除法运算，852/3 得到 284.0。接下来，进行加法运算，987+282得到1269。最后计算减法，1269-284.0得到985.0，这就是最后的结果。请注意，这里的结果是一个带小数的浮点数。

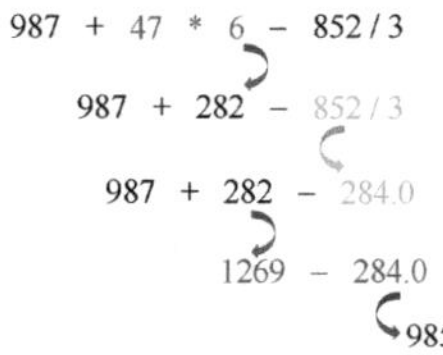

$$987 \; + \; 47 \; * \; 6 \; - \; 852/3$$
$$987 \; + \; 282 \; - \; 852/3$$
$$987 \; + \; 282 \; - \; 284.0$$
$$1269 \; - \; 284.0$$
$$985.0$$

图 6-1

> **提示**　在 Python3 中，除法 / 的结果包含小数，如果只想取整数，则需要使用 //；而在 Python2 中，除法 / 的取值结果会取整数。

如果想要在执行乘法和除法之前，先执行加法和减法运算，该怎么办呢？举个例子，假设你有两个好朋友，现在有9个苹果，你想要把苹果平均分配，该怎么办？你必须用苹果数除以分苹果的人数。

下面是一种尝试：

```
>>> 9/1+2
11.0
```

这个结果显然是不对的。如果只有9个苹果，你无法给每人分11个苹果。问题就在于，Python在做加法前先做了除法，先计算9除以1（等于9），然后再加上2，得到的是11。要修正这个算式，以便让Python先做加法计算，就要使用括号：

```
>>> 9/(1+2)
3.0
```

这就对了，每人3个苹果。括号的作用就是强制Python先计算1加2，然后再用9除以3。

6.1.2　浮点数

Python将带小数点的数字都称为浮点数。示例如下：

```
>>> 0.1+0.1
0.2
>>> 4*0.2
0.8
>>> 4.8/2
2.4
>>> 2-0.8
1.2
>>> 9/3
3.0
```

需要注意的是，有时，运算结果包含的小数位可能是不确定的，如下所示：

```
>>> 0.2+0.1
0.30000000000000004
>>> 4.8/0.4
11.999999999999998
```

我们看到0.2+0.1并不是等于0.3，而是等于0.30000000000000004。这并不是Python的问题，基于二进制的浮点数都会有这个问题，是计算机本身存在的问题。Python会尽力找到一种方式，尽可能精确地表示结果，但鉴于计算机内部表示数字的方式，这在有些情况下很难做到的。

6.1.3 数字类型的示例

我们通过一个程序示例，来看看数字类型的用法。示例如清单6.1所示。

清单6.1

```
1 import turtle as t
2 r=40
3 for i in range(0,10):
4     t.circle(r)
5     r=r+10
```

首先，导入 turtle 模块。然后，声明一个变量 r 并将数字类型的值 40 赋值给它。在下面的循环中，每次以 r 为半径绘制圆，然后每次绘制完后，将 r 的值增加 10。程序的逻辑非常简单，但通过 r 这个值不断变化的数字类型，我们可以绘制出不同大小的圆，如图 6-2 所示。

图 6-2

6.2　字符串

前面我们介绍了数字类型并且给出了使用数字的示例。现在，我们再来学习另一种数据类型：字符串。Python 中的字符串就是字符的序列（这和在大多数编程语言中是一样的），可以包含字母、数字、标点和空格。我们把字符串放在引号中，这样 Python 就会知道字符串从哪里开始到哪里结束。例如，下面是一个常见的字符串：

```
>>> "Hello World!"
'Hello World!'
```

要输入字符串，只要输入一个双引号（"），后面跟着想要的字符串文本，然后用另一个双引号结束字符串。也可以使用单引号（'）替代双引号。但是为了简单起见，在本书中，我们只使用双引号。

提示　这里的单引号和双引号都是英文（半角字符）的单引号和双引号。

字符串也可以存储到变量中，就像我们对数字所做的一样：

```
>>> myString="This is my string"
>>> myString
'This is my string'
```

> 提示　Python 作为一门动态语言，其变量的类型可以自由变化。这个特性叫作"动态类型"，它提高了代码的开发效率，但也增加了阅读代码和维护代码的难度。

如果一个变量之前存储过字符串，这并不会影响到我们随后为其分配一个数字；同样，如果一个变量之前存储过数字，也不会影响到为其分配一个字符串。例如，我们先为变量myString赋值为数字5，这时我们可以看到，myString的内容是一个数字。接下来，我们为myString重新赋值，这次将一个字符串"This is a string"赋给变量，可以看到，myString的内容已经成了字符串。

```
>>> myString=5
>>> myString
5
>>> myString="This is a string"
>>> myString
'This is a string'
```

如果把一个数字放在引号中会怎么样呢？它是字符串，还是数字呢？在Python中，如果把一个数字放在引号中，它会被当成是字符串。正如我们前面提到的，字符串就是一连串的字符（即使其中偶尔有一些字符是数字）。例如：

```
>>> numberEight=8
>>> stringEight="8"
```

numberEight是数字，stringEight是字符串。为了看出它们之间的区别，我们把它们相加：

```
>>> numberEight+numberEight
16
>>> stringEight+stringEight
'88'
```

我们把数字8加上8，就得到数字16。但是，当我们针对"8"和"8"使用+操作符时，只是把字符串直接连接在一起，得到了"88"，也就是把两个字符串连接成了一个更长的字符串。

6.2.1　连接字符串

正如你所见到的，我们可以对字符串使用+操作符，但是结果与对数字使用+操作符大相径庭。使用+连接两个字符串时，会将第二个字符串附加到第一个字符串的末尾，生成一个新的字符串，如下所示：

```
>>> greeting="Hello"
>>> name="Johnson"
>>> greeting+name
'Hello Johnson'
```

这里创建了两个变量greeting和name，分别为它们赋一个字符串值"Hello"和"Johnson"我们把这两个变量加在一起时，两个字符串就组合成一个新的字符串"Hello Johnson"。这里需要注意一下，Python是不会自动给字符串添加一个空格的，所以为了能隔开两个单词，我们需要在第一个字符串末尾增加一个空格。

6.2.2　与字符串相关的几个常用内置函数

内置函数就是编程语言中预先定义的函数，可以极大地提升程序员的效率和程序的可读性。我们在5.3节介绍过内置函数的概念，为了更好地理解Python编程，在本节中，我们在继续介绍几个常用的内置函数。

1. print() 函数

print()函数将括号内的字符串显示在屏幕上，而这些要打印的字符串就是

print() 的参数：

```
>>> print("Hello World!")
Hello World!
>>> print("What is your name?")
What is your name?
```

> 提示 函数的参数，就是在调用函数的时候用来运行函数的值，在调用该函数时，参数一般放在函数后面的括号中。

2. len() 函数

可以向 len() 函数传递一个字符串（或包含字符串的变量），该函数会返回一个整数值，表示字符串中的字符的个数：

```
>>> len("Hello")
5
>>> myName="Johnson"
>>> len(myName)
7
```

6.2.3 字符串的方法

方法是 Python 可以对数据执行的操作。例如，在下面的示例中，在 myName.title() 中，myName 后面的句点（.）让 Python 对变量 myName 执行方法 title 所指定的操作：

```
>>> myName="johnson"
>>> myName.title()
'Johnson'
```

接下来，我们再来看几个经常用到的字符串方法。

1. title()

title() 方法以首字母大写的方式显示每个单词，也就是将每个单词的首字母都改为大写。在上面示例中，我们用title()方法将"johnson"改变为"Johnson"。

2. upper()

upper()方法将字符串全部改写为大写字母，在下面的示例中，upper()方法将"johnson"修改为"JOHNSON"。

```
>>> myName.upper()
'JOHNSON'
```

3. lower()

lower()方法将字符串全部改写为小写字母，在下面的示例中，lower()方法将"JOHNSON"改为了"johnson"。

```
>>> "JOHNSON".lower()
'johnson'
```

6.2.4　字符串用法示例

我们再来看字符串用法的一个有趣的示例，让小海龟把你的名字绘制成螺旋线，如清单6.2所示。

清单6.2

```
1  import turtle
2  t = turtle.Pen()
3  turtle.bgcolor("black")
4  t.pencolor("blue")
5  yourName = turtle.textinput("请输入你的姓名","请问你叫什么名字?")
6  for x in range(100):
7      t.penup()
8      t.forward(x*4)
9      t.pendown()
10     t.write(yourName,font = ("Arial",int(x/4)+1,"bold"))
11     t.left(92)
```

先导入turtle模块，然后将背景颜色设置为黑色，将画笔颜色设置为蓝色。然后，向用户显示一个请求输入的窗口，窗口的标题是"请输入你的姓名"，窗口中有一行提示文字"请问你叫什么名字？"，其下方有一个文本框。用户在该文本框中输入一个字符串后，输入的内容会被存储到字符串变量yourName中。

接下来进入一个执行100次的循环，每次画笔先抬起，移动4*x*个像素，然后放下，开始绘制yourName中保存的字符串，绘制的字体为"Arial"，粗体，字体大小会在1~4循环交替变化。每次绘制结束，画笔向左旋转92度。

假设用户输入的字符串是"Johnson"，最终的绘制效果如图6-3所示。

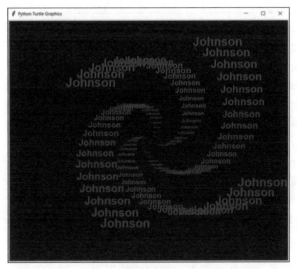

图 6-3

6.3 列表

在前两节中，我们学习了数字和字符串这两种在程序中最常用的基本数据类型。但是，数字和字符串也有不太方便的时候，所以Python允许用户使用列表，以更为高效的方式来创建数据并把它们组合在一起。

例如，如果让你列出几位最好的朋友，你就可以依次用这些朋友的名字来创建一个列表：

```
>>> bestFriends=["Jerry","Mark","Justin","Jonny"]
>>> bestFriends
['Jerry', 'Mark', 'Justin', 'Jonny']
```

　　这样一来，就可以使用一个单独的列表来表示所有这些朋友的名字，而不需要为此而创建4个字符串。

6.3.1　什么是列表

　　还是以列出朋友的名字为例。假设你想要使用一个程序来记录自己的好朋友，可以像下面这样为每位朋友创建一个变量：

```
>>> bestFriend1="Jerry"
>>> bestFriend2="Mark"
>>> bestFriend3="Justin"
>>> bestFriend4="Jonny"
>>> bestFriend5="Tom"
>>> bestFriend6="Marry"
>>> bestFriend7="Jenny"
>>> bestFriend8="Daniel"
>>> bestFriend9="Tony"
```

　　然而，这样书写很不方便，因为现在要记录所有朋友的名字，必须使用这9个不同的变量。想象一下，如果要记录1000种动物呢？你就需要创建1000个不同的变量，这几乎是不可能完成的工作。

　　如果能够把9位好朋友都放在一起，显然会更简单一些。我们可以通过列表来实现这一目标。

6.3.2　创建列表

　　在Python中，用方括号（[]）来表示列表，并且用逗号来分隔其中的元素。例如，可以创建一个名为bestFriends的变量，把好朋友的名字都保存在这个变量中：

```
>>> bestFriends=["Jerry","Mark","Justin","Jonny","Tom","Marry","Jenny","Daniel",
"Tony"]
```

提示　有时候，一些代码行太长了，无法在图书页面中放到一行之中，那么
代码的文本会换到新的一行中。但是，在程序录入中，其实并没有换
行，只是因为排版方式导致这种情况出现。例如，在上面的示例中，
bestFriends 是紧跟随在 >>> 之后出现的，而不是分为两行。

如果让Python将列表打印出来，Python将打印列表的完整信息（包括方
括号），如下所示：

```
>>> print(bestFriends)
['Jerry', 'Mark', 'Justin', 'Jonny', 'Tom', 'Marry', 'Jenny', 'Daniel',
'Tony']
```

6.3.3　访问列表元素

要访问列表中的元素，使用方括号加上想要的元素索引就可以了。还是
以bestFriends列表为例，我们想要访问列表中的第1个元素、第2个元素和第
8个元素，实现方法如下所示：

```
>>> bestFriends=["Jerry","Mark","Justin","Jonny","Tom","Marry","Jenny","Daniel",
"Tony"]
>>> print(bestFriends)
['Jerry', 'Mark', 'Justin', 'Jonny', 'Tom', 'Marry', 'Jenny', 'Daniel',
'Tony']
>>> bestFriends[0]
'Jerry'
>>> bestFriends[1]
'Mark'
>>> bestFriends[7]
'Daniel'
```

元素是保存在列表中的值，索引是和列表中元素的位置相对应的数字。

在 Python 中，索引是从 0 开始计数的。因此，第 1 个列表元素的索引是 0，而不是 1；列表中第 2 个元素的索引是 1，第 3 个元素的索引是 2，以此类推。要访问列表的任何元素，可以将其位置减 1 作为索引。这就是为什么我们向 bestFriends 列表查询索引 0 会返回 "Jerry"（列表中的第 1 个元素），而查询索引 1 会返回 "Mark"（列表中的第 2 个元素）。

提示　在大多数编程语言中，列表的索引都是从零开始计数的，这与列表操作的底层实现相关。

访问列表中单独的元素的功能非常有用。例如，如果想要向别人介绍你最好的朋友，并不需要展现整个 bestFriends 列表，而只需要展示第一个元素，如下所示：

```
>>> bestFriends[0]
'Jerry'
```

Python 为访问最后一个列表元素提供了一种特殊方法——通过将索引指定为 -1，可以让 Python 返回最后一个列表元素。例如，bestFriends[-1] 就返回了最后一个元素 "Tony"。

```
>>> bestFriends[-1]
'Tony'
```

这种语法很有用，因为我们经常需要在不知道列表长度的情况下访问最后的元素。这种表示方法也适用于其他的负数索引，例如，索引 -2 返回倒数第 2 个列表元素，索引 -3 返回倒数第 3 个列表元素，以此类推。代码如下：

```
>>> bestFriends[-1]
'Tony'
>>> bestFriends[-2]
'Daniel'
>>> bestFriends[-3]
'Jenny'
```

6.3.4 设置和修改列表中的元素

我们创建的大多数列表都是动态的，这意味着，列表创建后，程序会在运行的过程中设置和修改列表中的元素。例如，你的好朋友名单可能发生变动，要么有新的好朋友加入名单，要么有的人已经不再是你的好朋友了。

1.修改列表元素

我们可以使用方括号中的索引来设置、修改或增加列表中的元素。

修改列表元素的语法与访问列表元素的语法类似，要修改列表元素，可以指定列表名和所要修改的元素的索引，然后再指定该元素的新值。还是以bestFriends列表为例，如果要用"Christina"替换bestFriends列表中的第一个元素"Jerry"，操作方式如下所示：

```
>>> bestFriends[0]="Christina"
>>> print(bestFriends)
          ['Christina', 'Mark', 'Justin', 'Jonny', 'Tom', 'Marry', 'Jenny',
          'Daniel', 'Tony']
```

可以看到，列表中的第1个元素已经从"Jerry"变为"Christina"了。

2.添加列表元素

在列表中添加新元素时，最简单的方式是将元素附加到列表末尾。我们还是使用之前的示例，如果又有了新的朋友Frozy，那么要在列表末尾添加新的元素。方法append()可以将元素"Frozy"添加到列表末尾，而不会影响列表中的其他元素。

```
>>> bestFriends.append("Frozy")
>>> print(bestFriends)
['Christina', 'Mark', 'Justin', 'Jonny', 'Tom', 'Marry', 'Jenny', 'Daniel',
'Tony', 'Frozy']
```

我们也可以先创建一个空列表，再使用一系列的append()语句添加元素。下面我们创建一个关于水果的空的列表fruits，再在其中添加元素"apple""banana""orange"和"grape"，如图6-4所示。

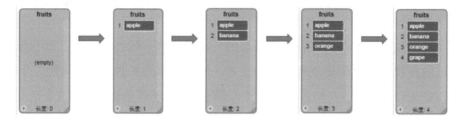

图 6-4

用如下的代码就可以完成这些操作：

```
>>> fruits=[]
>>> fruits.append("apple")
>>> fruits.append("banana")
>>> fruits.append("orange")
>>> fruits.append("grape")
>>> print(fruits)
['apple', 'banana', 'orange', 'grape']
```

首先，用 fruits = [] 创建了一个空列表；其次，在接下来的每一行中，使用一系列的 append() 方法为列表添加一个值。一旦填充了这个列表，我们就可以用 print() 函数把列表中的内容全部输出到屏幕上。

这种创建列表的方法很常见，因为经常要等到程序运行后，我们才知道用户要在程序中存储哪些数据。这样就可以先创建一个空列表，用于存储数据，等到需要时，再将新值附加到列表中。

除了 append() 方法，我们还可以用 insert() 方法来给列表添加新的元素。和 append() 方法不同，insert() 方法可以将新元素添加到列表中的任意位置，为此，我们需要指定新元素的索引。还是以 fruits 列表为例，假设我们要在第 2 个位置插入 "cherry"，则可以使用如下代码：

```
>>> fruits.insert(1,"cherry")
>>> print(fruits)
['apple', 'cherry', 'banana', 'orange', 'grape']
```

在插入新元素后，列表如图 6-5 所示。

图 6-5

在这个示例中，我们用到了insert()方法。需要注意的是，前文提到，列表的索引是从0开始计数的，所以索引1表示列表中第2个位置，因此把"cherry"插入了"banana"前面，现在"cherry"成为列表中的第2个元素，其后的元素的索引依次增加1位，也就是说，"banana"成为第3个元素，"orange"成为第4个元素，以此类推。

6.3.5 删除列表元素

我们经常需要从列表中删除一个或多个元素，例如，把"orange"从fruits列表中删除。

1. del 语句

如果我们已知要删除的元素的索引，就可以使用del语句。在关键字del后面加上要删除的列表元素就可以了，因为"orange"在列表中的索引是3，所以在fruits后面的方括号中放上索引3。代码如下：

```
>>> print(fruits)
['apple', 'cherry', 'banana', 'orange', 'grape']
>>> del fruits[3]
>>> print (fruits)
['apple', 'cherry', 'banana', 'grape']
```

可以看到，我们已经将"orange"成功地从列表fruits中删除了。

2. remove()方法

如果我们不知道要删除的元素的索引，只知道它的值，就可以使用remove()方法删除指定元素。还是以fruits列表为例，让我们重新为列表赋值：

```
>>> fruits=["apple","cherry","banana","orange","grape"]
>>> print(fruits)
['apple', 'cherry', 'banana', 'orange', 'grape']
```

还是要删除"orange"，这次我们使用remove()方法，并且放入括号的值就是"orange"：

```
>>> fruits.remove("orange")
>>> print(fruits)
['apple', 'cherry', 'banana', 'grape']
```

可以看到，我们已经成功地将"orange"从列表fruits中删除了。

3. pop()方法

有时，我们要将元素从列表中删除，并且接下来要继续使用它的值，这个时候可以使用pop()方法。还是以fruits列表为例，我们想要把列表中的最后一个元素删除，并且告诉大家所删除的水果的名称是什么：

```
>>> fruits=["apple","cherry","banana","orange","grape"]
>>> print(fruits)
['apple', 'cherry', 'banana', 'orange', 'grape']
>>> poppedFruit=fruits.pop()
>>> print("The popped fruits is "+poppedFruit)
The popped fruits is grape
>>> print(fruits)
['apple', 'cherry', 'banana', 'orange']
```

首先，我们把现有fruits列表中的元素输出显示到屏幕上，可以看到列表中的元素有"apple""cherry""banana""orange"和"grape"。其次，调用pop()方法删除列表中最后一个元素，也就是"grape"，并且将其赋值给变量poppedFruit。将字符串 "The popped fruit is " 和变量poppedFruit连接到一起，输出到屏幕上，我们看到的是 "The popped fruit is grape"。最后，打印出fruits列表中剩余的元素，也就是 "apple" "cherry" "banana" 和 "orange"，可以看到，列表中已经不存在 "grape" 了。

另外，我们也可以使用pop()方法来删除列表中任何位置的元素，只要在括号中指定要删除的元素的索引就可以了。例如，我们要删除上述fruits列表中的第3个元素 "banana"，那么就在pop()的括号中指定索引2，代码如下所示：

```
>>> otherPoppedFruit=fruits.pop(2)
>>> print("The other popped fruit is "+otherPoppedFruit)
The other popped fruit is banana
>>> print(fruits)
['apple', 'cherry', 'orange']
```

可以看到，我们删除的元素是 "banana"，fruits列表中剩余的元素是 "apple" "cherry" 和 "orange"。

提示　我们看到pop()方法和del语句效果是一样的，那二者之间有什么区别呢？如果不确定该使用哪一种方法，有一个简单的判断标准就是：如果从列表中删除一个元素，并且不再使用这个元素，就用del语句；如果删除这个元素后还想要继续使用它的值，就用pop()方法。

6.3.6　应用列表的示例

接下来，我们来看一个在海龟绘图中应用列表类型的示例，我们通过颜色列表，来不断变换画笔绘制的颜色，绘制出五彩斑斓的图形，参见清单6.3。

清单6.3

```
1 import turtle
2 t = turtle.Pen()
```

```
3 turtle.bgcolor("black")
4 colors = ["red","yellow","blue","orange","green","purple"]
5 for x in range(200):
6     t.pencolor(colors[x%6])
7     t.forward(x * 3)
8     t.left(181)
9     t.width(x*1/100)
```

首先，导入turtle模块，将背景颜色设置为黑色。接下来，我们需要颜色名称的一个列表，而不是单个的颜色，因此，我们要创建一个名为colors的列表变量，并且在列表中放置6种颜色，如下所示：

```
colors = ["red", "yellow", "blue", "orange", "green", "purple"]
```

[x%6]告诉Python我们将使用colors列表中的前6种颜色，即编号从0到5的颜色，并且每当x变化的时候，就遍历它们。在这个例子中，颜色列表有6种颜色，因此，我们需要一次又一次地遍历这6种颜色：

```
colors = ["red", "yellow", "blue", "orange", "green", "purple"]
           0       1        2       3         4        5
```

[x%6]中的%叫作模除操作符（modulo operator），表示一次除法运算中的余数（remainder）（7 ÷ 6商1余1，因此，7可以包含6一次，并且还剩下1；8 ÷ 6余2，以此类推）。当你想要遍历列表中一定数目的项时，例如，我们对6种颜色列表所做的操作，模除操作符很有用。

在360步中，colors[x%6]将遍历6种颜色（0、1、2、3、4和5，分别表示红色、黄色、蓝色、橙色、绿色和紫色）60次。第1次遍历绘制循环时，Python使用列表中的第一种颜色，红色；第2次遍历时，它使用黄色，以此类推。每6次通过循环之后，总是又回过头来使用红色。

每次绘制时，线长都是x的3倍，并且海龟方向向左旋转181度，线条宽度也会略微变宽。最终的绘制结果如图6-6所示。

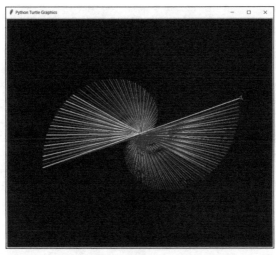

图 6-6

6.4 小结

在本章中，我们介绍了 Python 编程中经常使用的数据类型。首先介绍了数字类型，包括整数和浮点数，它们常用的运算，并且通过海龟绘图展示了数字类型的应用。接下来介绍了字符串类型，以及常用的字符串操作的方法，同样，用海龟绘图展示了如何使用字符串类型。接下来，我们详细讲解了列表的概念，如何创建和访问列表，如何设置和修改列表，如何删除列表等；最后通过变换海龟绘图颜色的示例，展示了列表类型的应用。

通过灵活掌握各种数据类型的概念和用法，读者的 Python 编程能力将得到进一步的提升。

第 7 章

布尔类型和条件语句

我们先来学习Python中的布尔类型以及与之密切相关的条件语句。

7.1 布尔类型

首先，我们来介绍Python中的一种特殊的整数类型——布尔（Boolean）类型。布尔类型只有两个值：True（真）或False（假），我们把True和False叫作布尔值。一个简单的布尔表达式如下所示：

```
>>> thisIsBool=True
>>> print(thisIsBool)
True
```

这个示例中，我们创建了一个名为thisIsBool的变量，并且把布尔值True赋值给它。在下一行中，我们打印这个thisIsBool变量，得到的结果是True。

> 提示　在所有高级语言中，都有这么一类叫作布尔类型的变量，这是用乔治·布尔的名字来命名的。乔治·布尔是19世纪英国最重要的数学家之一，由于他在符号逻辑运算中的特殊贡献，很多计算机语言中将逻辑运算称为布尔运算，将其结果称为布尔值。

7.2　比较运算符

比较运算符是比较两个值，然后得到一个布尔值。比较运算符包含：==、!=、>、<、>=和<=。这些运算符根据为它们提供的值，得到True或者False作为比较结果。我们具体来看一下这些运算符。

7.2.1　等于（==）

如果==运算符两边的值都一样，那么得到的结果是True；如果不一样，得到的结果是False。例如，表达式42==42的结果是True，但是表达式42==24的结果是False。代码如下：

```
>>> 42==42
True
>>> 42==24
False
```

> 提示　要判断两个值是否相等，记住，要使用两个等号（==），而不是一个等号（=）。==表示"两边的值是否相等？"，而=表示"把右边的值保存到左边的变量中"。当使用=时，变量名必须放在左边，值必须放在右边。而==只是用来比较两个值是否相等，所以值放在哪一边都无所谓。

在表达式42==42.0中，虽然两边的类型不同，一个是整数，另一个是浮点数，但是其值是相同的，所以结果仍然是True。代码如下：

```
>>> 42==42.00
True
```

但是表达式42=="42"的结果是False，因为Python认为整数与字符串是不相同的。代码如下：

```
>>> 42=="42"
False
```

表达式"Johnson"=="johnson"的返回值是False，因为两个字符串的首字母的大小写不同，所以Python认为它们是不同的两个字符串。代码如下：

```
>>> "Johnson"=="johnson"
False
```

而表达式"Johnson"=="Johnson"的返回值是True，因为两个字符串完全一样。代码如下：

```
>>> "Johnson"=="Johnson"
True
```

7.2.2 不等于（！=）

和等于操作符（==）相反的是不等于操作符（!=），它是由惊叹号和等号组合而成的，其中惊叹号表示非（或者不、否、反等表示否定的含义），在很多编程语言中都是这样表示的。我们可以使用不等于符号（!=）来判断第1个值是否不等于第2个值。例如，表达式42!="42"的结果是True，"Johnson"!="johnson"的结果也是True。

```
>>> 42!="42"
True
```

```
>>> "Johnson"!="johnson"
True
```

7.2.3　大于（>）和大于等于（>=）

可以使用大于符号（>）来判断第1个值是否大于第2个值。例如，表达式42>24是成立的，结果是True；表达式42>62是不成立的，结果是False。代码如下：

```
>>> 42>24
True
>>> 42>62
False
```

使用大于等于符号（>=）来判断第1个值是否大于等于第2个值。如果第1个值大于第2个值，大于等于符号的结果是True；如果第1个值等于第2个值，大于等于符号的结果同样也是True。代码如下：

```
>>> 42>=42
True
```

7.2.4　小于（<）和小于等于（<=）

和大于操作符（>）相反的是小于操作符（<），和大于等于操作符（>=）相反的是小于等于操作符（<=）。使用小于符号（<）来判断第1个值是否小于第2个值；使用小于等于符号（<=）来判断第1个值是否小于等于第2个值。具体可以参见如下的几个示例，请留意其比较的结果：

```
>>> 42<62
True
>>> 42<=42
True
>>> 42<24
False
```

7.3　布尔运算符

　　就像可以用算术操作符（+、-、*、/等）把数字组合起来一样，我们也可以用布尔操作符把布尔值组合起来。Python中的3个主要布尔操作符是and、or和not。当用布尔操作符组合两个或多个布尔值时，其结果还是一个布尔值。

7.3.1　and（与）

　　and表示"与"，使用这个操作符来判断两个布尔值是否都为True。如果两个布尔值均为True，结果为True；否则，结果为False。

```
>>> True and True
True
>>> True and False
False
>>> False and False
False
```

　　来看一个例子，我们用变量isAfterSchool表示"是否放学"，用变量isFinishHomework表示"是否完成作业"，只有当"已经放学"并且"完成作业"后，才可以出去玩。然后，我们将变量isAfterSchool设置为True，表示已经放学；将变量isFinishHomework设置为False，表示没有完成作业。通过表达式isAfterSchool and isFinishHomework的结果，我们来看能不能出去玩。

```
>>> isAfterSchool=True
>>> isFinishHomework=False
>>> isAfterSchool and  isFinishHomework
False
```

　　结果是False，表示两个条件没有全部满足，所以不能出去玩。

　　当作业完成以后，我们把变量isFinishHomework修改为True，再来看一下表达式isAfterSchool and isFinishHomework的结果：

```
>>> isAfterSchool=True
```

```
>>> isFinishHomework=True
>>> isAfterSchool and isFinishHomework
True
```

这次的结果是True，表示已经具备了出去玩的条件。

7.3.2 或（or）

布尔操作符or表示"或"，使用该操作符可以判断两个布尔值中是否有一个为True。当两个布尔值中至少有一个为True时，结果为True；否则，结果为False。

```
>>> True or True
True
>>> True or False
True
>>> False or False
False
```

还是来看前面给出的例子，这次我们修改了条件，只要"已经放学"或者"完成作业"有一项满足，就可以出去玩了。我们将变量isAfterSchool设置为True，表示已经放学；将变量isFinishHomework设置为False，表示没有完成作业。通过表达式isAfterSchool or isFinishHomework的结果，我们来看能不能出去玩。代码如下：

```
>>> isAfterSchool=True
>>> isFinishHomework=False
>>> isAfterSchool or isFinishHomework
True
```

结果是True，表示至少满足了两个条件之中的一个，所以可以出去玩。

7.3.3 not（非）

not表示"非"，使用这个操作符将值取反，把False转换成True，或者把

True 转换成 False。

```
>>> not True
False
>>> not False
True
```

还是来看前面给出的例子，假设已经将变量 isFinishHomework 设置为 True，表示已经完成了作业。突然发现，还漏了一项作业，这时我们可以通过 not 操作符，来修改 isFinishHomework 变量。代码如下：

```
>>> isFinishHomework=True
>>> not isFinishHomework
False
```

7.3.4　组合布尔操作符

当我们把布尔操作符组合到一起时，事情变得有趣起来。例如，如果今天是周末，那么可以出去玩；如果今天不是周末，那么需要放学并且完成作业才可以出去玩。

```
>>> isWeekend=False
>>> isAfterSchool=True
>>> isFinishHomework=True
>>> isWeekend or (not isWeekend and isAfterSchool and isFinishHomework)
True
```

在上面的示例中，我们看到今天不是周末，已经放学并且写完了作业，所以可以出去玩。我们把 not isWeekend and isAfterSchool and isFinishHomework 放到括号中，是为了保证这部分要一起执行。

7.4　缩进

写作文的时候，老师会告诉我们每段要空两格，这两个空格就标志着一个新的段落开始了。我们这本书也是这样的，每一个新开始的段落，都要空两格。在编写程序的时候，我们也要采用类似的方式，通过缩进来表示代码块的开始和结束。

在前面的程序示例中，我们所编写的大多数是简单的表达式语句，这时候是不需要使用缩进的。但是，要创建复合语句，就需要用到缩进这个重要的概念。我们可以把许多代码行组织到一个代码块中，其中的每一行代码的开始，都保持相同的空格数，通过查看代码行前面的空格数，就可以判断代码块的起始和结束，而这个空格数就是缩进。Python 根据缩进来判断当前代码行和前面代码行的关系。缩进的好处是让代码看上去更加清晰易读，如果代码段比较长，通过缩进，我们可以快速了解程序的组织结构，而且也不容易出错。

我们再来看缩进的一个简单的例子。还是以第6章介绍过的清单6.1为例，如下所示：

```
1 import turtle as t
2 r=40
3 for i in range(0,10):
4     t.circle(r)
5     r=r+10
```

这里从第4行开始，代码向后缩进了4个空格，表示从这一行开始，是 for 循环的循环体。第5行代码保持和第4行代码相同的缩进，表示这条语句仍然是 for 循环的一部分。可以尝试修改一下代码，看看如果在第4行没有缩进，尝试运行程序的时候会发生什么问题。

提示 很少有哪种语言能像 Python 这样重视缩进。对于其他语言而言，缩进对于代码的编写来说是"有了更好"，而并不是"没有不行"，因为缩进只是代码书写的风格问题。但是，对于 Python 语言而言，缩进则是一种语法，它可以告诉我们 Python 代码从哪里开始，到哪里结束。Python 中的复合语句是通过缩进来表示的。这样做的好处就是减少了程序员的自由度，有利于统一风格，使得人们在阅读代码时会更加轻松。但是，编写程序时，我们也要记住，如果缩进不正确，程序可能无法运行或者会出错。

7.4.1 缩进的长度

将代码块缩进多长并不重要，只要保证整个代码块的缩进程度是一样的就可以了。为此，IDLE 提供了自动缩进功能，它能将光标定位到下一行的指定位置。当我们键入类似于 if 这样与控制结构对应的关键字之后，按 Enter 键，IDLE 就会启动自动缩进功能，代码如下所示：

```
if 3>2 :
    print("Three is greater than two")
```

一般情况下，IDLE 将代码缩进一级是 4 个空格。如果想改变这个默认的缩进量，那么可以从 "Format" 菜单选择 "New Indent Width" 命令，如图 7-1 所示。

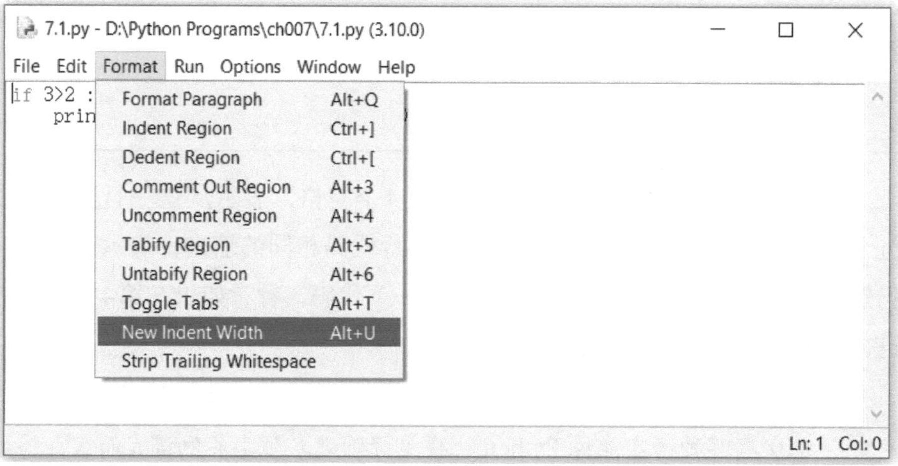

图 7-1

在弹出的窗口中，默认是 4 个空格，我们也可以按照自己的需要，修改这个值，如图 7-2 所示。

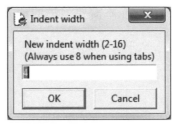

图 7-2

对初学者来说，需要注意的是尽管自动缩进功能非常方便，但是我们不能完全依赖它，因为有时候自动缩进未必完全符合我们的要求，所以，写完程序，还需要仔细检查一下。

7.4.2 常见的缩进问题

1.遗漏缩进

前文提到，在if语句后面且属于条件组成部分的代码行，是需要缩进的。如果像下面代码一样，忘记了缩进（代码参见Ch07\7.2.py）：

```
if 3>2 :
print("Three is greater than two")
```

那么，编译时，Python会提示这里有语法错误，需要一个缩进，如图7-3所示。

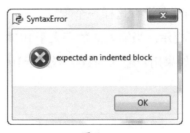

图 7-3

通常，对紧跟在if语句之后的代码行增加缩进后，就个错误就会消失。

2.增加没有必要的缩进

如果在不需要缩进的地方，不小心增加了缩进，会出现什么样的情况呢？我们来看一段代码，它在不需要缩进的地方增加了缩进（代码参见 Ch07\7.3.py）：

```python
print ("This is an apple")
  print("This is a banana")
```

编译的时候，Python 会给出错误提示，告知这里有不该出现的缩进，如图 7-4 所示。

图 7-4

3. 缩进导致程序的逻辑错误

前面介绍的遗漏缩进和增加冗余的缩进，都是语法错误，Python 会很容易地识别出问题。但是，缩进有时候会导致程序的逻辑错误，这样的问题，Python 是检测不出来的，只能由我们自己来判断运行程序所得到的结果是否和预期的结果相同。

我们来看一个示例。假设有这样一个程序，它让用户输入一个数字，然后根据这个数字给用户提示。当输入的数字大于 10 时，会提示数字大于 10 并且将其重新设置为 0，如果用户输入的数字不大于 10，那么直接显示该数字。代码如下所示：

```python
number=input("Please input a number: ")
if (int(number)>10):
    print("Your number is greater than ten and reset it zero")
number="0"
print("Your number is: "+number)
```

如果输入1，因为1不大于10，所以会直接显示"Your number is：1"；如果输入18，因为18大于10，所以number会被重置为0，显示内容就变成"Your number is：0"，如图7-5所示。

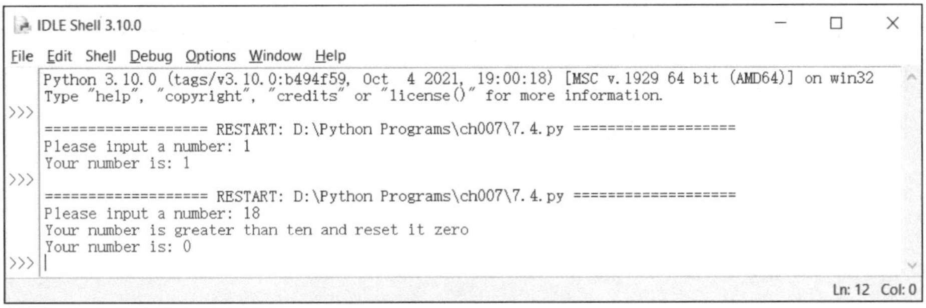

图 7-5

接下来，我们修改一下代码的缩进。代码如下所示：

```python
number=input("Please input a number: ")
if (int(number)>10):
    print("Your number is greater than ten and reset it zero")
number="0"
print("Your number is: "+number)
```

可以看到，现在number="0"这条语句现在没有了缩进，这意味着无论输入的数字是否大于0，都会将number重新设置为"0"，如图7-6所示。

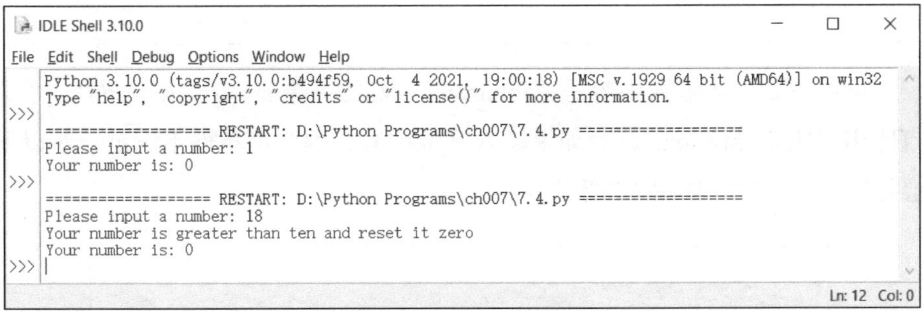

图 7-6

尽管我们输入的数字还是1和18，但是得到的结果都是"Your number is 0"。由此可见，缩进有时会影响到整个程序的逻辑。

7.5 条件语句

7.5.1 if 语句

if语句在编程语言中用来判定所给定的条件是否满足，根据判定的结果来决定执行哪些操作——如果条件为True，执行代码块，如果条件为False，则跳过而不执行其后面的语句。

在Python中，if语句包含以下部分：

- if关键字；

- 条件；

- 冒号；

- 从下一行开始，缩进的代码块（主体）。

if语句有两个主要部分：条件和主体。条件应该是一个布尔值。主体是一行或多行代码。如果条件为True，就可以执行这些代码。例如，我们将用户输入的内容赋值给变量name，然后判断赋值的内容是否等于"Johnson"，如果相等，就打印出"Hello my son."。代码如下所示：

```
name=input("Please input your name: ")
if name=="Johnson":
    print ("Hello my son.")
```

可以看到，当输入内容是"Johnson"，满足条件name=="Johnson"，才会打印出"Hello my son."，而如果输入其他内容，因为该条件不满足，所以不会打印任何内容，如图7-7所示。

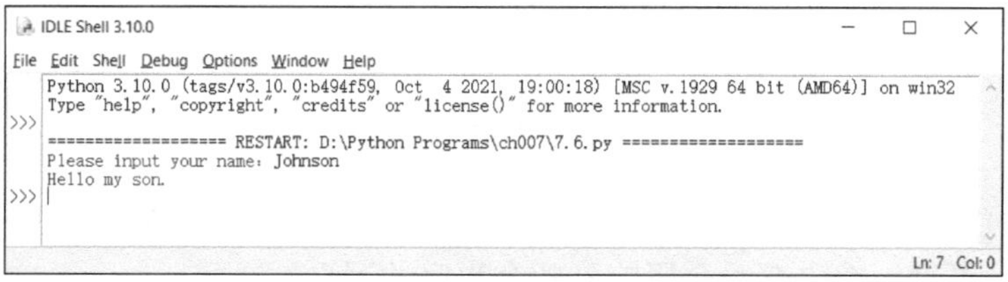

图 7-7

下面我们来看使用条件语句的另一个示例。我们对第4章中绘制圆形的代码略做修改，用条件语句添加一个判断，代码如下所示。第2行代码会询问用户"是否想绘制圆形"，并且将用户的输入结果保存到answer中。接下来，第3行代码用if语句判断用户输入的答案是否是"y"，如果是，表示用户想要绘制圆形，开始设置背景颜色和画笔颜色，并且通过循环语句绘制4个圆形，最后在屏幕上显示"完成操作"。如果用户回答的是"n"，表示不想绘制圆形，那么，程序不会执行绘制圆形的循环，而是直接在屏幕上显示"完成操作"。可以看到，第9行代码的缩进和第7行、第8行代码不同，表示这行代码并不是循环体的一部分。参见清单7.1。

清单7.1

```
1 import turtle
2 answer=input('是否想绘制圆形? y/n:')
3 if answer=='y':
4     turtle.bgcolor('black')
5     turtle.pencolor('red')
6     for x in range(4):
7         turtle.circle(100)
8         turtle.left(90)
9 print('完成操作')
```

运行程序，如果用户输入"y"表示要绘制圆形，程序执行并绘制的图形如图7-8所示。

图 7-8

7.5.2 else 语句

前文提到，只有条件为True时，if语句才会执行代码块。如果条件为False，我们还是想要做些事情，就需要使用if…else语句了。if…else语句看上去和if语句很相似，只不过它有两个代码块。关键字else放在两个代码块中间。在if…else语句中，当if语句条件为False时，else子句才会执行。else语句中不包含条件，在代码中，else语句中包含以下部分：

- else关键字；

- 冒号；

- 从下一行开始，缩进的代码块。

我们回到刚才的示例中，这次要加上else语句，如果名字不是Johnson，那么会说"Hello my friend."。代码如下所示：

```python
name=input("Please input your name: ")
if name=="Johnson":
    print ("Hello my son. ")
else:
    print ("Hello my friend.")
```

这次，如果输入的不是"Johnson"而是"Alex"，那么程序会打印出"Hello my friend."，如图7-9所示。

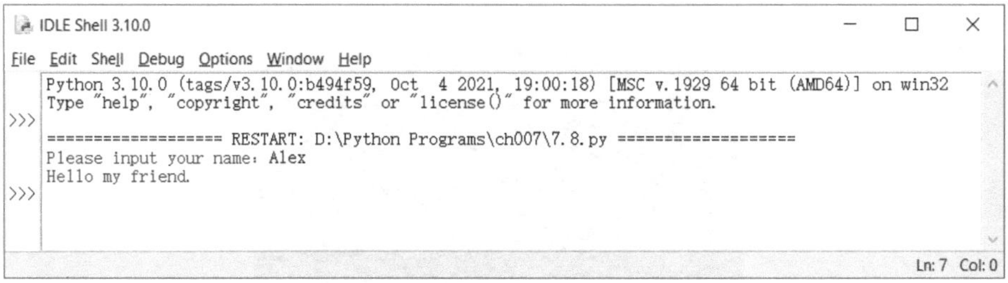

图 7-9

下面我们来看一个使用else语句的示例。我们还是在海龟绘图绘制圆形的程序基础上做出进一步修改，修改完后的程序如清单7.2所示。

清单7.2

```
1  import turtle
2  turtle.bgcolor('black')
3  answer=input(如果选择红色画笔，请输入r ;如果选择白色画笔，请输入任意其他内容)
4  if answer=='r':
5      turtle.pencolor('red')
6  else:
7      turtle.pencolor('white')
8  for x in range(4):
9      turtle.circle(100)
10     turtle.left(90)
11 print('完成操作')
```

程序先将海龟绘图的背景设置为黑色，然后请用户通过输入来设置画笔的颜色。如果用户输入"r"，表示要将画笔设置为红色；否则，将会把画笔设置为白色。这里用到了if语句，判断用户的输入是否是"r"，接着使用else语句，在用户输入不是"r"的情况下，将画笔颜色设置为白色。此后的程序流程和之前是一样的，使用用户设置好的画笔颜色来循环绘制圆形。

假设用户输入的不是"r"，此时，通过执行else语句块，将画笔颜色设置为白色，程序绘制的图形如图7-10所示。

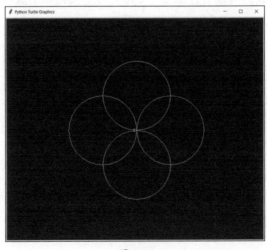

图 7-10

7.5.3　elif 语句

我们经常需要查看一系列的条件，当其中某一个条件为True时，就做相对应的事情，这时就要创建一连串的if...else语句。那么，还是从常规的if语句开始，在主体的代码块之后，输入关键字elif，紧跟着是另一个条件和另一个语句块。我们可以一直这样做下去，直到所有的条件都执行完，并且对于条件的数量是没有限制的。如果没有条件为真，就会执行最后一个else部分。elif语句中包含以下部分：

- elif关键字；

- 条件；

- 冒号；

- 从下一行开始，缩进的代码块。

我们还是继续刚才的示例，如果用户输入的是"Johnson"，那么要打印的字符串就是"Hello my son."；如果用户输入"Judy"，那么要打印的字符串就是"Hello my daughter."；如果输入"Aric"，那么要打印的字符串就是"Hello my friend"；如果是"John"，那么要和自己打个招呼"Hello to myself."；如果以上内容都不是，要打印的字符串就变成了"Hello others."。如果愿意的话，我们可以有任意多个elif子句。代码如下所示：

```
name=input("Please input your name: ")
if name=="Johnson":
    print("Hello my son.")
elif name=="Judy":
    print("Hello my daughter.")
elif name=="Aric":
    print("Hello my friend.")
elif name=="John":
    print("Hello to myself.")
else:
    print("Hello others.")
```

我们可以像下面这样来解释一下这些elif语句：

- 如果第1个条件为True，执行第1个代码块；

- 否则，如果第2个条件为True，执行第2个代码块；

- 否则，如果第3个条件为True，执行第3个代码块；

- ……

- 否则，执行else部分。

如果使用这样一个带elif部分的if...else语句串，我们就可以确保只有一个代码块会执行；如果发现某一个条件为True，就会执行其所对应的代码块，而不会再验证其他的条件了；如果所有的条件都不是True，就会执行else代码块。

还有一件事需要注意：最后的else是可选的。然而，如果没有这个else，当所有条件都不为真时，if...else语句块中的内容都将不会执行，如清单7.3所示。

清单7.3

```
1 name=input("Please input your name: ")
2 if name=="Johnson":
3     print("Hello my son.")
4 elif name=="Judy":
5     print("Hello my daughter.")
6 elif name=="Aric":
7     print("Hello my friend.")
8 elif name=="John":
9     print("Hello to myself.")
```

上面这段代码省略了最终else部分，当输入"Peter"时，因为这不是你想要打招呼的人，所以不会打印出任何内容，如图7-11所示。

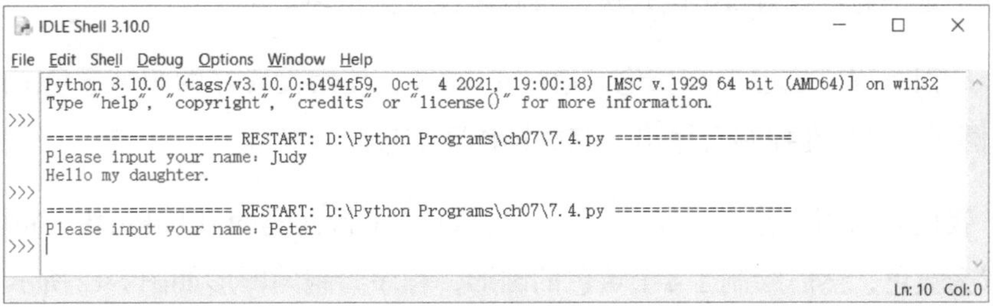

图 7-11

接下来,我们来看使用elif语句的程序示例。还是继续修改上面的绘制圆形的程序,之前的程序,只允许用户设置两种画笔颜色,程序的灵活性要差一些。要是能让用户自行设置任何一种画笔颜色,程序就显得灵活很多了,如清单7.4所示。

清单7.4

```
1  import turtle
2  turtle.bgcolor('black')
3  answer=input('r表示红色画笔,y表示黄色画笔,b表示蓝色画笔,o表示橙色画笔,其他
              表示白色画笔')
4  if answer=='r':
5      turtle.pencolor('red')
6  elif answer=='y':
7      turtle.pencolor('yellow')
8  elif answer=='b':
9      turtle.pencolor('blue')
10 elif answer=='o':
11     turtle.pencolor('orange')
12 else:
13     turtle.pencolor('white')
14 for x in range(4):
15     turtle.circle(100)
16     turtle.left(90)
17 print('完成操作')
```

如果用户输入"r",画笔颜色会设置为红色;否则,程序从第6行开始,用3条elif语句来分别匹配其他的用户输入,如果用户输入的分别是"y""b""o",画笔的颜色将分别被设置为黄色、蓝色和橙色,如果这几种情况都不是,通过执行else语句块,将画笔设置为白色。

后面的程序流程没有变化,通过for循环,使用设置好的画笔颜色来绘制4个圆形,最后在控制台输出"完成操作"信息。

我们假设用户输入的是"y",通过执行第6行代码的elif语句块,将画笔设置为黄色,然后绘制了4个黄色的圆形,程序绘制的图形如图7-12所示。

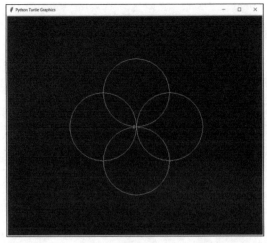

图 7-12

7.6 小结

在本章中，我们介绍了布尔类型并且了解了布尔类型只有两个值：True 和 False。接下来，我们学习了 6 个比较运算符：等于（==）、不等于（!=）、大于（>）、大于等于（>=）、小于（<）和小于等于（<=），可以使用比较运算符来比较两个值，然后得到一个布尔值。

我们还介绍了 3 种布尔操作符，分别是 and、or 和 not，它们可以把布尔值组合起来，得到的结果还是一个布尔值。

在本章中，我们穿插介绍了缩进的用法。因为对于复合语句，缩进这个概念非常重要。Python 完全根据缩进来判断当前代码行和前面代码行的关系。通过缩进，我们可以快速了解程序的组织结构，而且也不容易出错。

最后，我们介绍了条件语句。条件语句用来判定所给定的条件是否满足，并且根据判定的结果来决定执行哪些操作。

第 8 章
while 循环

在Python编程语言中，有两种形式的循环结构。除了我们在前面介绍的for循环，还有一种循环是while循环。for循环可以将同一段代码重复执行一定的次数，因此特别适用于已经知道循环次数或能够用表达式准确表达循环次数的情况；而while循环则是，如果一个条件为真，就允许同一段代码执行多次，更适用于不知道循环次数但能够明确循环结束条件的情况。

8.1　while 循环

while循环是最简单的循环类型，就是当某个条件为True时重复执行代码。也就是说，while循环重复执行它的主体，直到特定条件不再为True。也就是说，"当这个条件为真时，一直这么做。当条件变为假时，停止这么做"。

在 Python 中，while 语句包含以下部分：

- while 关键字；

- 条件；

- 冒号；

- 从下一行开始，缩进的代码块。

就像 if 语句一样，如果条件为 True，就会执行 while 循环的代码段。但是和 if 语句不同的是，while 循环在执行完代码段之后，还会再次检查条件，如果条件仍然为 True，会再次运行代码段。循环往复，直到条件为 False。

8.1.1　while 循环示例

我们来看一个有趣的示例。假设你在夜里难以入睡，又不想自己数羊，于是想编写一段代码，让计算机来替你数羊，当数到 30 时，你就能入睡了。代码如清单 8.1 所示。

清单 8.1

```
1 sheetCounted=0
2 while sheetCounted<30:
3   print("I have counted "+str(sheetCounted)+ " sheep.")
4   sheetCounted=sheetCounted+1
5 print("I fall asleep.")
```

我们首先创建一个名为 sheepCounted 的变量，并且把它的值设置为 0。当开始 while 循环时，查看 sheepCounted 是否小于 30。因为 sheepCounted 现在的值是 0，是小于 30 的，所以执行代码块（循环的主体）中的语句。首先，语句 "I have counted "+str(sheetCounted)+ "sheep." 将在屏幕上显示 "I have counted 0 sheep."。接下来，语句 sheetCounted=sheetCounted+1 会把 sheepCounted 的值加上 1。现在，sheepCounted 的值是 1。然后回到循环的起始位置，再次判断 sheepCounted 是否小于 30。如此一遍又一遍地循环往复，直到 sheepCounted

变为 30，此时条件变为假（30 是不小于 30 的），程序就跳出了循环。这时，会打印出 "I fall asleep."，如图 8-1 所示。

当要求用户输入正确的输入时，while 循环也非常有用。我们可以持续判断，直到用户输入正确。假设我们想让用户输入 Johnson，只要用户没有输入正确的内容（或者输入的内容格式不符合要求），我们就可以一直让用户重新输入，如清单 8.2 所示。

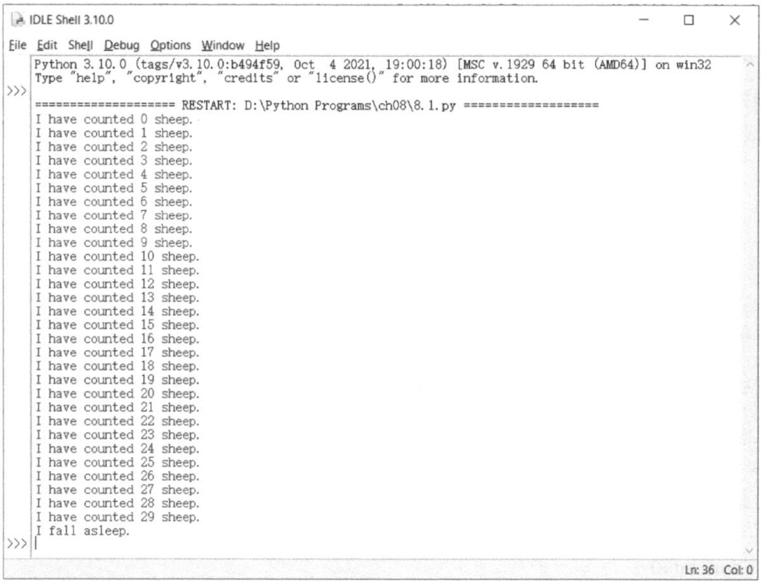

图 8-1

清单 8.2

```
1 name=input("Please input my son's name: ")
2 while name!="Johnson":
3   print("I'm sorry, but the name is not valid.")
4   name=input("Please input my son's name: ")
5 print("Yes. "+name+" is my son.")
```

在上面这个例子中，while 循环下面的代码块将继续运行，直到语句 name!="Johnson" 为 False。也就是说，这个循环将持续运行，直到用户输入的内容是 Johnson，也就是 name!="Johnson" 的结果是 False。该程序输出的示例如图 8-2 所示。

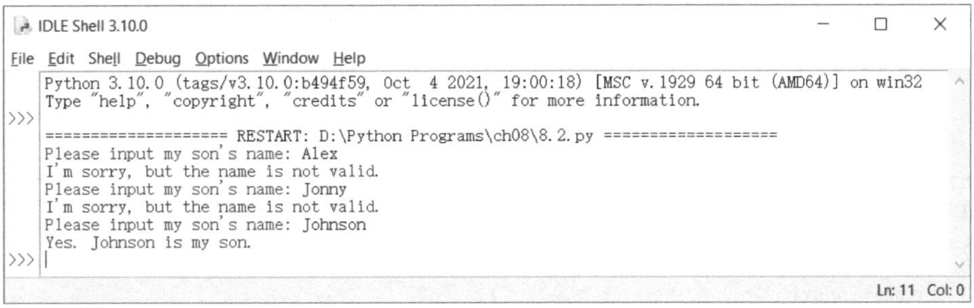

图 8-2

8.1.2 无止境的 while 循环

使用循环时，需要切记，如果设置的条件永远都不会是False，循环就会进入无限循环中（除非关闭或退出Python）。例如，在数羊的示例程序中，如果去掉sheetCounted=sheetCounted+1这一句，那么sheepCounted将永远保持为0，程序就无法结束了。结果如图8-3所示。

图 8-3

我们再来看之前另一个例子，只有用户输入Johnson，才会退出循环，如
清单8.3所示。

清单8.3

```
1 name=""
2 while name!="Johnson":
3   name=input("Please input a name: ")
```

但是，如果用户永远不能正确输入Johnson，程序就会永远问下去，如图
8-4所示。

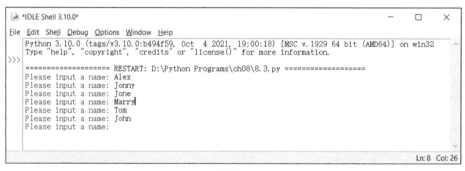

图 8-4

在实际编写程序的过程中，我们要避免这种无限循环的情况发生。

8.2　break 语句

如果像8.1节中描述的那样，程序进入无止境的循环中时，我们有一种捷
径，可以让while循环立即中断。这就是break语句。

还是以刚才的代码为例，我们对它稍做修改，如清单8.4所示。

清单8.4

```
1 name=""
2 while name!="Johnson":
3   print("Please input a name. Enter 'q' to quit: ")
4   name=input()
```

```
5    if name == 'q':
6        break
```

这次我们留了个"后门"，如果用户不能正确输入名称，可以输入字母"q"来退出循环，如图 8-5 所示。

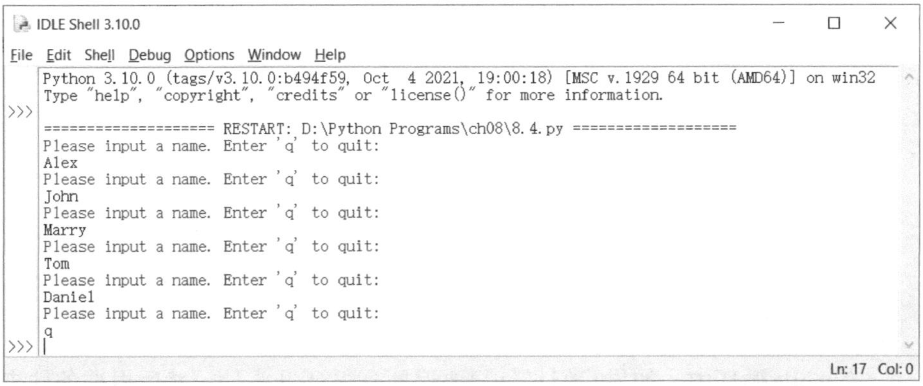

图 8-5

我们可以在程序中的某个位置添加一条 break 语句，以确保用户不会陷入一个永不退出的程序中。例如，在 Python 中，我们经常会用到 while True 这样一个看上去像是永久的循环语句，但是同时会在代码中加入 break 条件判断，用以在循环内部的某个条件达成时终止循环。

我们来看一个示例，假设了一个保险柜的密码是"338822"，程序要求用户输入正确的密码后，才能够打开密码箱，如清单 8.5 所示。

清单 8.5

```
1 password = "338822"
2 while True:
3     userInput = input("请输入6位密码: ")
4     if userInput == password:
5         print("打开保险柜")
6         break
7     else:
8         print("您输入的密码不正确，请重新输入")
```

因为 while 后面跟着的是 True，那么意味着整个循环会一直执行，直到输入的数字等于设定的密码后，才会跳出循环，如图 8-6 所示。

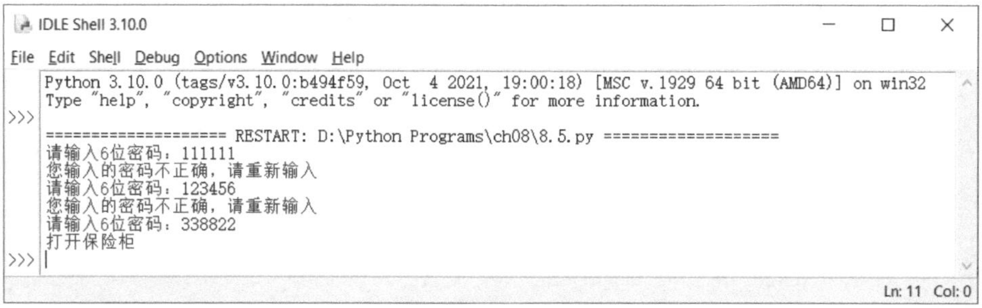

图 8-6

8.3　continue 语句

在 while 循环中，如果我们只是想要返回到循环开头处，然后根据条件来决定是否继续执行循环，而不是直接退出循环，可以使用 continue 语句。例如，我们要打印出 1 到 10 的数字，但是不打印 3 的倍数，如清单 8.6 所示。

清单 8.6

```
1 number=0
2 while number<10:
3    number=number+1
4    if number %3 ==0:
5        continue
6    print ("The current number is :"+str(number))
```

我们首先创建了一个名为 number 的变量，并且把它的值设置为 0。当开始 while 循环时，先查看 number 是否小于 10。因为 number 现在的值是 0，小于 10，所以执行代码块（循环的主体）中的语句，首先语句 number=number+1 会把 number 的值加 1。接下来，语句 number %3 ==0 会判断 number 是否能够被 3 整除。如果这个条件为 True，则执行 continue 语句跳出本次循环，直接进入下一次循环；否则，打印当前 number 的数值。程序运行的结果如图 8-7 所示。

```
IDLE Shell 3.10.0                                                  —    □    ×
File  Edit  Shell  Debug  Options  Window  Help
Python 3.10.0 (tags/v3.10.0:b494f59, Oct  4 2021, 19:00:18) [MSC v.1929 64 bit (AMD64)] on win32
Type "help", "copyright", "credits" or "license()" for more information.
>>>
=================== RESTART: D:\Python Programs\ch08\8.6.py ===================
The current number is :1
The current number is :2
The current number is :4
The current number is :5
The current number is :7
The current number is :8
The current number is :10
>>>
                                                                      Ln: 12  Col: 0
```

图 8-7

8.4　while 循环示例

接下来，我们把海龟绘图和while循环结合起来，实现前面的重复绘制圆形的程序。我们只需要将前面的程序略做修改。修改后的程序如清单8.7所示：

清单8.7

```
1  import turtle
2  turtle.bgcolor('black')
3  answer=input('请输入画笔颜色，或输入"quit"表示退出游戏：')
4  while answer !="quit":
5      turtle.clear()
6      turtle.pencolor(answer)
7      for x in range(4):
8          turtle.circle(100)
9          turtle.left(90)
10     answer=input('请输入画笔颜色，或输入"quit"表示退出游戏：')
11 print('完成操作')
```

前3行代码都没有太大的变化。第3行代码中，input()的参数变了，请用户输入画笔颜色，或者输入quit表示退出游戏。这里注意，如果用户输入"quit"，就满足了循环结束的条件。如果用户输入的不是"quit"，而是"yellow""red""green"或其他社某种颜色，程序将经过第4行代码的条件判断后进入循环。在while循环体中，首先清楚一下画布，然后将画笔颜色设置为用户输入的颜色，接下来，进入一个for循环，绘制4个直径为100的圆，每次绘制完一个圆，画笔方向向左旋转90度。while 循环体的最后一句，继续请求用户进行输入。只有用户输入"quit"，循环才会退出，并且在控制台打印出"完成操作"的消息。

　　程序运行后，当用户输入"white"时，程序运行的结果如图 8-8 所示。

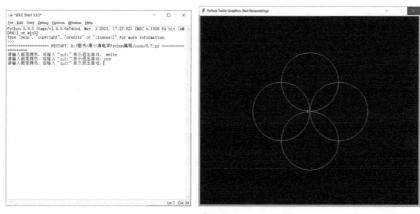

图 8-8

8.5　小结

　　在本章中，我们介绍了 Python 中的循环。循环用来重复地执行代码多次，只要特定条件为 True，代码就会一直执行。我们可以使用条件保证在正确的时间执行正确的代码，可以使用循环让程序根据需要一直运行下去。

　　本章主要介绍的是 while 循环，另一种常用的 for 循环，我们已经在第 4 章中学习过了。while 循环是最简单的循环类型，当满足条件时进入循环，直到条件不再满足时停止循环。而 for 循环是计数循环，重复执行程序循环，直到循环计数变量不在指定的取值范围内时停止循环。

　　本章还讲解了和循环相关的 break 语句、continue 语句。break 语句用来跳出整个循环，continue 语句用于跳出本次循环，直接进入下一次循环。最后，我们将海龟绘图和 while 循环结合，展示了一个用循环绘制圆形的示例。

第9章
自定义函数

函数是把实现一定功能的代码集合到一起以便能够重复使用这些代码的一种方法。函数允许我们在程序中的多个位置运行相同的代码段，而不需要重复地复制和粘贴。此外，通过把大段代码隐藏到函数中，并给它起一个容易理解的名字，我们就可以更好地规划代码了。

提示 利用函数，我们可以把注意力集中在函数的组织上，而不用过多地关注组成这些函数的所有的代码细节。代码段分割的越小，越易于管理，我们也就越能够看到更大的蓝图，并思考如何在更高的层级上构建程序。

Python有两种函数：一种是内置函数，例如，我们前面接触过的print()、int()；另一种是我们自己定义和编写的自定义函数。在本章中，我们将学习如何创建自己的函数。

9.1　函数的基本结构

在Python中，声明自定义函数的时候要包含以下部分：

- def关键字；

- 函数的名称；

- 参数列表，参数的数量可以根据需要而定；

- 冒号；

- 从下一行开始，缩进的代码；

- 关键字return 和返回的结果，这部分是可选的。

我们先来创建一个简单的函数。

```python
def firstFunction(name):
    str1="Hello "+name+"!"
    print(str1)
```

首先通过关键字def声明这是一个函数，然后为函数起了一个名字——firstFunction，这个函数有一个参数叫作name，我们将语句"Hello" + name+"!"生成的字符串赋值给变量str1，然后打印 str1。这个函数没有返回结果。

9.2　调用函数的方法

要调用一个函数时，需要在函数名称后边跟着一对圆括号，然后把调用该函数时使用的参数放在括号中。

我们来调用刚才创建的函数，函数firstFunction名称后面的括号中，是要传入的参数"World"。我们用高亮显示的代码行表示函数调用，如清单9.1所示。

清单9.1

```python
1 def firstFunction(name):
2    str1="Hello "+name+"!"
```

```
3    print(str1)
4  firstFunction("World")
```

程序运行的结果如图9-1所示。

```
IDLE Shell 3.10.0                                                    —    □    ×
File  Edit  Shell  Debug  Options  Window  Help
Python 3.10.0 (tags/v3.10.0:b494f59, Oct  4 2021, 19:00:18) [MSC v.1929 64 bit (AMD64)] on win32
Type "help", "copyright", "credits" or "license()" for more information.
>>>
==================== RESTART: D:\Python Programs\ch09\9.1.py ====================
Hello World!
>>>
                                                                    Ln: 6  Col: 0
```

图 9-1

9.3 函数的参数

在上面的函数示例中，有一个参数，我们把这个参数叫作形参。每个函数包含的参数列表叫作形参列表。形参列表中的参数可以是一个参数，也可以是多个参数，甚至可以不带参数。如果使用多个参数，每个参数的名字要用逗号隔开。

我们再来看一个示例，它有两个形参，如清单9.2所示。

清单9.2

```
1  def sum(number1,number2):
2      result=number1+number2
3      print(str(result))
```

这是一个进行加法运算的函数，它的两个形参，分别名为number1和number2。当我们调用这个函数时，会传入两个参数，我们把传入的两个参数叫作实参。示例如下：

```
sum(12,21)
```

这里的12和21就是实参。程序运行的结果如图9-2所示。

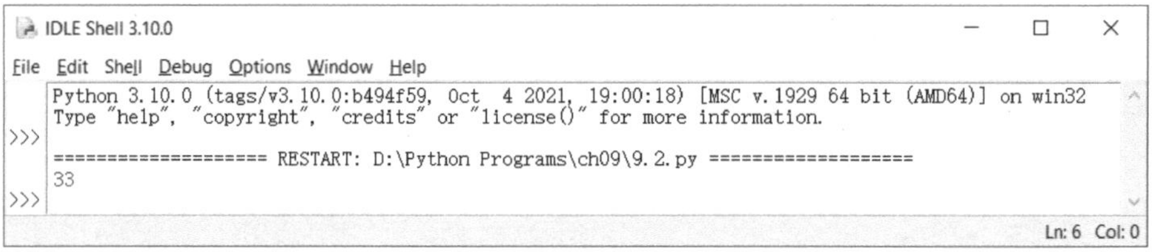

图 9-2

9.4 函数的返回值

返回值就是函数输出的值，可供我们在代码中的其他地方使用。函数可以有返回值，也可以没有返回值。在前面的示例中，当我们调用函数的时候，函数并没有返回值。但有的时候，我们需要让函数给出一个返回结果。还是以前面的sum函数为例，这次我们在函数中不再打印任何内容，而是用关键字return把计算结果返回给函数调用，如清单9.3所示。

清单9.3

```
1 def sum(number1,number2):
2 result=number1+number2
3 return result
```

调用这个函数时，把这个函数的返回值赋给一个变量，并且打印这个变量，如下所示：

```
s=sum(12,21)
print(str(s))
```

程序运行的结果如图9-3所示。

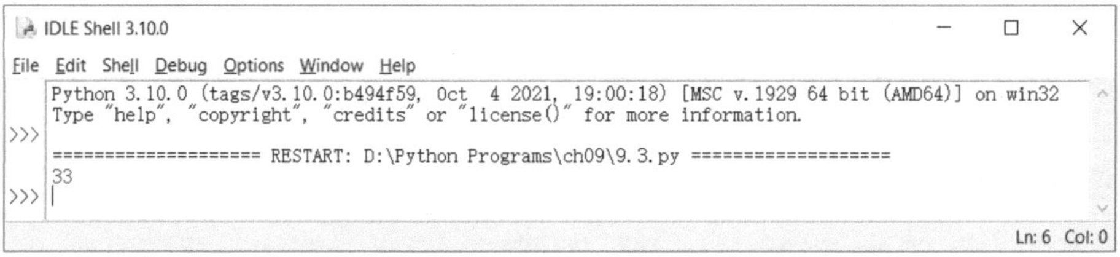

图 9-3

9.5 用函数绘图的实例

在本节中，我们通过编写和调用函数来绘制图形，如清单9.4所示。

清单9.4

```
1  import turtle
2  t=turtle.Pen()
3  def drawSides(length):
4      t.forward(length)
5      t.right(90)
6
7  length = 20
8  t.left(90)
9  for i in range(50):
10     drawSides(length)
11     length = length + 10
```

首先，在调用函数之前，我们需要定义函数。这里定义了一个名为drawSlides()的函数，用于接收一个参数length，即按照指定的length向前绘制一条边，然后将画笔的角度向右旋转90度。

定义好了drawSlides()函数，后面的程序就可以调用它来完成绘图了。首先，将length设置为20，然后将画笔向左旋转90度。接下来，进入一个for循环中，这个循环会执行50次，每次都会先调用drawSlides()函数，绘制长度为length的一条边，绘制完成后，将length的值增加10。

程序运行的结果如图9-4所示。

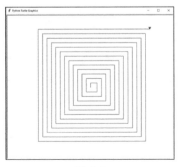

图 9-4

9.6　小结

自定义函数允许我们重复使用特定的代码块。根据传递的参数不同，函数可以做不同的事情，并且可以在代码中调用函数并得到其返回值。

在本章中，我们介绍了函数的基本结构、调用函数的方法、函数的参数和函数的返回值等，还给出了一个用函数绘制图形的示例。在后续章节中，我们还会给出利用函数绘制有趣的、复杂图形的例子，也会进一步探索函数广泛的用途。

第 10 章
圆舞程序

在Python的官方帮助文档中，有一些自带的海龟绘图的示例。这些示例是我们学习Python编程和海龟绘图的很好的素材。

在本章中，我们将选取一个圆舞程序示例来进行讲解，以便读者进一步掌握Python编程一些基本知识和技能，并且领略到海龟绘图的趣味性。

10.1 圆舞程序简介

这个示例程序的名称叫作round_dance。我们先来看下这个程序的运行效果。当运行程序的时候，它会创建15个三角形形状的图标围成一个圈，在圆圈的中心会放置一个同样的三角形图标，然后围成圆圈的图标开始逆时针旋转，而中心的图标开始逐渐放大，如图10-1和图10-2所示，看上去就像是16个三角形的舞队在跳圆舞。

当用户按下任意键时，程序停止运行，并且在控制台输出相应的消息。

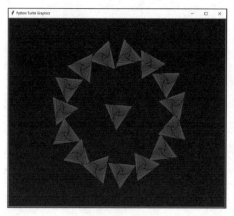

图 10-1

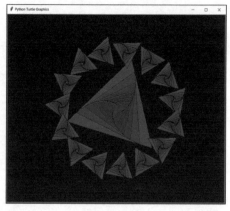

图 10-2

从Python的官方帮助文档中可以看到round_dance的完整代码，也可以参见本书配套的清单10.1。

10.2 程序代码解析

首先，我们简单分析一下这个程序的结构。可以看到，这段代码分为3部分。第1部分是一个自定义函数stop()，它的作用是让程序结束。第2部分是一个自定义函数main()，通过它实现了程序的全部功能。第3部分是程序的入口程序。

下面我们来详细解读一下程序代码。

10.2.1 初始设置程序

首先，导入了turtle模块中所有的函数，使用的导入方法是from turtle import *。我们在第2章提到，这种导入方法的好处是一次导入所有模块内容，后面在使用具体功能时，就不需要再写模块名前缀了。

```
1 from turtle import *
```

接下来，我们定义了一个名为stop()的函数：

```
2 def stop() :
3     global running
4     running = False
```

在这个函数中，首先定义了一个全局变量running，我们通过将这个变量设置为False来终止程序。

接下来，需要编写自定义函数main()，其代码如下：

```
5 def main():
6     global running
7     clearscreen()
8     bgcolor("gray10")
9     tracer(False)
```

其中，第6行代码，声明了全局变量running；第7行代码，调用clearscreen()函数，删除窗口中所有绘图或所有海龟；第8行代码，调用bgcolor()函数，设置窗口的背景颜色；第9行代码，调用tracer(False)函数，关闭海龟动画。tracer()函数参数为False时动画关闭，表示要等绘制结束后一次性刷新。当参数为True时，恢复动画的绘制效果。

这里有两点需要注意：第一，如前所述，通过from turtle import *的导入方法，这里在调用turtle的内置函数时，已不需要再写turtle.前缀了；第二，这些内置函数的简要介绍参见第2章；如果读者想要了解某个函数的详细用法，也可以参考Python Docs中的帮助文档，或者使用Help命令查看。

10.2.2 创建海龟形状

接下来，我们会创建一个新的海龟形状。代码如下所示：

```
10    # 注册一个新的三角形海龟形状
11    shape("triangle")
12    f = 0.793402
13    phi = 9.064678
14    s = 5
```

```
15    c = 1
16    sh = Shape("compound")
17    for i in range(10):
18        shapesize(s)
19        p=get_shapepoly()
20        s *= f
21        c *= f
22        tilt(-phi)
23        sh.addcomponent(p,(c,0.25,1-c),"black")
24    register_shape("multitri", sh)
```

　　要读懂这段代码，我们先要来了解一下 turtle.Shape 类的结构和 addcompo-nent() 函数的用法。先来看看 turtle.Shape 类的结构：

```
class turtle.Shape(type_, data)
```

　　turtle.Shape 类的功能是对海龟形状进行数据结构建模；参数 type_：取字符串 "polygon" "image" "compound" 之一；(type_，data) 对必须遵循表 10-1 所示的规则。

表 10-1

type	data
"polygon"	一个多边形元组，即一对坐标的元组
"image"	一个图像（此形式仅供内部使用）
"compound"	None(compound 的形状必须使用 addcomponent() 函数来构造)

　　再来看看 addcomponent() 函数：

```
addcomponent(poly, fill, outline=None)
```

　　其中，参数 poly 表示一个多边形，例如，表示坐标的一对数的一个元组；fill 表示填充这个多边形的颜色；outline 表示多边形边框的颜色（如果给定的话）。

　　如果 turtle.Shape 类选定的类型是 "compound"，那么海龟的形状通过 addcomponent()函数来实现。

好了，了解了上述的结构和函数，我们就可以读懂上面所示的那段代码了。

第11行代码，设置海龟的形状是三角形（"triangle"）。注意，因为海龟形状中本身就有名为"triangle"的形状，它的外形就是三角形，所以不需要创建，直接就指定了当前海龟形状为"triangle"。

第12行代码，定义了一个变量f，设置它的初始值为0.793402。这个变量在构造海龟复合形状的时候，作为大小、颜色渐变的参数使用。

第13行代码，定义了一个变量phi，设置它的初始值为9.064678。这是构造海龟复合形状时，三角形倾斜角度的一个初始值。

第14行代码，定义了一个变量s，设置它的初始值为5。这是构造海龟复合形状时，画笔大小的初始值。

第15行代码，定义了一个变量c，设置它的初始值为1。这是构造海龟复合形状时，颜色分量的初始值。

第16行代码，这里的Shape是海龟形状的数据结构建模，将其对象赋值给变量sh。注意，这里使用的类型是"compound"，因此，后面还需要调用addcomponent()函数来构造复合形状。

这里要注意一下，第11行的shape()和16行的Shape是不同的（一个明显的差异是，s的大小写不同）。第11行的shape()是turtle的一个内建函数，它比较简单，只是指定海龟形状的类型名称。第16行的Shape是构造海龟形状的一个数据结构。

10.2.3　实现复合结构

我们继续来看这个复合结构是如何构造的。

第17行代码，这是一个迭代10次的for循环。第18~23行是这个for循环的循环体。

第18行代码，设置画笔大小是变量 s。s 的初始值为5,在第20行代码会修改这个变量的值。

第19行代码，调用get_shapepoly()函数，将当前海龟形状以坐标对元组的形式返回，并将其赋给变量p。get_shapepoly()这个函数以坐标元组的形式返回当前多边形形状，也就是我们在前面指定的"triangle"形状。这样，我们就得到了复合形状的一个基本组成部分。

第20行代码，将变量 s 乘以 f 的结果赋给变量 s。在每次迭代中，三角形的形状开始按比例逐渐变小。

第21行代码，将变量 c 乘以 f 的结果赋给变量 c。在每次迭代中，通过颜色分量的变化，使得三角形的颜色发生渐变。

第22行代码，将海龟从当前倾斜角度顺时针旋转 phi 度。这里注意一下，如果是正数就是逆时针旋转，如果是负数就是顺时针旋转。

第23行代码，调用addcomponent()函数来构造复合形状。我们在前面详细介绍过，这个函数有3个参数，分别是表示多边形的元组，填充色和边框颜色。

通过这个for循环，我们就可以绘制出图10-3所示的这样的一个海龟形状。它是10个大小不同、颜色和倾斜角度逐渐变化的三角形叠加形成的。

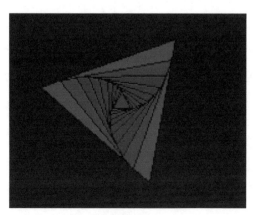

图 10-3

第24行代码，使用register_shape()函数向TurtleScreen的形状列表中添加一个海龟形状。这个函数将名为"multitri"的复合形状 sh 注册为合法的海龟外形，添加到 TurtleScreen 对象的形状列表中。这样一来，shape() 函数就可以使用这个形状名了。

```
25    #创建15个新的三角形海龟形状的图标克隆体
26    shapesize(1)
27    shape("multitri")
28    pu()
29    setpos(0,-200)
30    dancers = []
31    for i in range(180):
32        fd(7)
33        tilt(-4)
34        lt(2)
35        update()
36        if i % 12==0:
37            dancers.append(clone())
```

接下来，程序会创建15个上述复合形状的克隆体。

第26行代码，将画笔大小设置为1。

第27行代码，将海龟的形状设置为刚创建的形状（"multitri"）。

第28行代码，调用 pu() 函数，它是 penup() 函数的简写，意味着抬起画笔，不在屏幕上留下痕迹。

第29行代码，调用 setpos() 函数，将光标移动到指定位置。

第30行代码，定义了一个列表变量 dancers，用来存储海龟克隆体。

第31行代码，这是一个执行了180次的 for 循环。第32到37行是它的循环体。

第32行代码，调用 fd() 函数，它是 forward() 函数的简写，向前移动7个像素。

第33行代码，将海龟从当前倾斜角度顺时针旋转4度。

第34行代码，调用lt()函数，它是left()函数的简写，将画笔向左旋转2度。

第35行代码，调用update()函数，执行一次窗口的刷新。

第36行代码，如果i模除12余0，执行第37行代码。

第37行代码，调用clone()函数创建海龟的克隆体，并将其添加到dancers列表中。clone()函数创建具有相同的位置、朝向等海龟属性的一个克隆体，并且将其返回，其作用相当于在当前海龟的位置处复制出另一只位置朝向等属性完全相同的海龟，而这只海龟与之前的海龟完全独立，也就是说，此时我们改变其中一只海龟的属性对另一只是没有任何影响的。

因为会执行180次循环，那么会有15次满足i是12整数倍的条件（i模除12余0），所以会创建15个克隆体，也就是有15个定制的海龟复合形状的图标。

```
38    #将新的三角形海龟形状的图标放置到窗口中心
39    home()
```

第39行代码，调用home()函数将海龟移动到坐标原点，这个时候，在坐标原点也会出现定制的图标。

到这里，程序就实现了图10-4所示的图形效果。

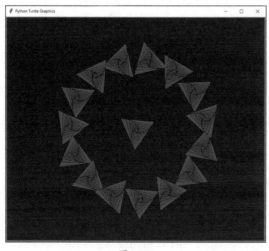

图 10-4

10.2.4 实现圆舞效果

```
40    #监听键盘
41    running = True
42    onkeypress(stop)
43    listen()
```

接下来，程序会设置用户按下任意键的时候所要做的操作。

第41行代码，将全局变量running设置为True。

第42行代码，调用onkeyrelease()函数，设置当用户按下任意键的时候，执行stop()函数作为响应。也就是说，当用户按下任意键，程序就会调用stop()函数，从而将变量running设置为False。此时，后面的while循环就会结束，程序返回。

第43行代码，在TurtleScreen上设置焦点，以便监听并接收按键事件。

```
44    cs = 1
45    while running:
46        #让图标旋转起来
47        ta=-4
48        for dancer in dancers:
49            dancer.fd(7)
50            dancer.lt(2)
51            dancer.tilt(ta)
52            ta = -4if ta > 0 else 2
53        #将中心的图标逐渐放大
54        if cs < 180:
55            right(4)
56            shapesize(cs)
57            cs *= 1.005
58        update()
59    # 当循环结束后,输出 "Done"
60    return "DONE!"
```

接下来，程序要让这15个克隆体图标都旋转起来，与此同时，让中心的海龟图标逐渐放大，从而实现三角形跳圆舞的效果。

第44行代码，将变量cs设置为1。这是中央的三角形的初始大小。

第45行代码，这是一个while循环，当变量running为True的时候，循环会一直执行。

第46行代码到第58行代码是循环体。

第47行代码，设置变量ta等于-4。这个变量后续用来调整海龟形状的倾斜角度。

第48行代码，这是一个for循环，遍历dancers列表中的每个元素，并将其赋值给变量dancer。dancer现在表示海龟的克隆体。第49行到第52行是这个for循环的循环体。

第49行代码，让海龟的克隆体向前移动7个像素。

第50行代码，让海龟的克隆体向左旋转2度。

第51行代码，让海龟的克隆体从当前倾斜角度旋转ta度。

第52行代码，这是条件语句的简写形式，它的含义是：如果ta大于0，那么ta等于-4，否则，ta=2。至此，for循环结束。

第54行代码，如果变量cs小于180，那么执行第55行到第57行代码。

第55行代码，调用right()函数，向右旋转4度。

第56行代码，将画笔大小设置为变量cs。

第57行代码，将变量cs乘以1.005的结果赋值给变量cs。下一次执行循环的时候，海龟形状的大小会略微增大一些。

上述3行代码，就可以将中心的海龟形状变得越来越大。

第58行代码，调用update()函数，刷新窗口。

第60行代码，当while循环结束后，返回字符串"DONE!"，表示程序结束。

10.2.5 入口程序

接下来的部分是入口程序。

```
61  #入口程序
62  if __name__ == '__main__':
63      print(main())
64      mainloop()
```

第62行代码，表示当round_dance.py文件被直接运行时，if __name__ == '__main__'之下的代码块将被运行；当round_dance.py文件以模块形式被导入时，if __name__ == '__main__'之下的代码块不被运行。if __name__ == '__main__'相当于Python模拟的程序入口，Python本身并没有这么规定，这只是一种编码习惯。

第63行代码，main()函数作为print()函数的参数。这样就可以执行main()函数，而当我们按下键盘任意的时候，就会结束程序并返回字符串"DONE!"。

第64行代码，调用mainloop()函数，启动事件循环。

完整的代码如下所示（读者也可以通过本书配套代码实例10.1获取）：

```
from turtle import *
def stop():
    global running
    running = False
def main():
    global running
    clearscreen()
    bgcolor("gray10")
    tracer(False)
    #注册一个新的三角形海龟形状
    shape("triangle")
    f =  0.793402
    phi = 9.064678
    s = 5
```

```
c = 1
sh = Shape("compound")
for i in range(10):
    shapesize(s)
    p =get_shapepoly()
    s *= f
    c *= f
    tilt(-phi)
    sh.addcomponent(p, (c, 0.25, 1-c), "black")
register_shape("multitri", sh)
# 创建15个新的三角形海龟形状的图标克隆体
shapesize(1)
shape("multitri")
pu()
setpos(0, -200)
dancers = []
for i in range(180):
    fd(7)
    tilt(-4)
    lt(2)
    update()
    if i % 12 == 0:
        dancers.append(clone())
# 将新的三角形海龟形状的图标放置到窗口中心
home()
# 监听键盘
running = True
onkeypress(stop)
listen()
cs = 1
while running:
    # 让图标旋转起来
    ta = -4
    for dancer in dancers:
        dancer.fd(7)
        dancer.lt(2)
        dancer.tilt(ta)
        ta = -4 if ta > 0 else 2
```

```
    # 将中心的图标逐渐放大
    if cs < 180:
        right(4)
        shapesize(cs)
        cs *= 1.005
    update()
    # 当循环结束后，输出 "Done"
    return "DONE!"
#入口程序
if __name__=='__main__':
    print(main())
    mainloop()
```

10.3　小结

　　本章介绍的示例程序，是Python的官方帮助文档自带的海龟绘图的示例程序。该程序会创建15个三角形形状的图标围成一个圈，在圆圈的中心会放置一个同样的，然后围成圆圈的图标开始逆时针旋转，而中心的图标开始逐渐放大，看上去就像是16个三角形的舞队在跳圆舞。

　　在本章中，我们详细解析了这个程序的代码，从初始程序的设置、创建海龟形状、实现符合结构、实现圆舞效果，到最后如何编写入口程序。这是我们第一次详细解析一个完整的示例程序。在学完本章内容后，读者可以尝试用Python和海龟绘图编写一个较大的完整程序。

第11章
时钟程序

本节我们来介绍turtle的一个示例程序——时钟程序。这个程序通过海龟绘图绘制了一个能够实时走动的时钟。

11.1　时钟程序简介

我们先来分析一下程序的基本结构和思路，同时，看看程序运行的最终效果。

绘制动态钟表的程序需要用到5个turtle对象：

- 1个turtle对象：绘制外表盘；

- 3个turtle对象：模拟时钟指针行为；

- 1个turtle对象：输出表盘上文字。

这个程序能够根据实时时间更新表盘画面，其最终运行效果如图11-1所示。

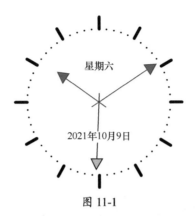

图 11-1

程序的名称是clock，从Python帮助的turtle示例代码中可以看到，也可以从本书配套的清单11.1中找到。

11.2　程序代码解析

接下来，我们依次来分析和讲解一下这个程序的具体代码。

11.2.1　初始设置代码

先来看负责导入模块的初始设置代码，如下所示：

```
1 from turtle import *
2 from datetime import datetime
```

第1行代码，导入了turtle模块的所有函数。

第2行代码，导入了datetime模块的datatime。

datetime模块重新封装了time模块，提供了更多处理日期和时间的接口。因为时钟程序需要实时地获取时间，所以要用到datetime模块的很多功能。

11.2.2　jump() 函数

从第 3 行代码开始，程序定义了一个 jump() 函数，如下所示：

```
3 def jmup(distanz):
4     penup()
5     forward(distanz)
6     pendown()
```

我们先来看看这个函数。由于时钟表盘刻度是不连续的，因此在绘制的过程中，需要频繁抬起画笔，放下画笔。jump() 函数负责实现按照一定的频度抬起画笔和放下画笔的功能。这个函数有一个参数 distanz，表示抬起来画笔后，移动到下一个刻度所走的距离。

第 3 行代码，定义 jump() 函数。

第 4 行代码，抬起画笔。

第 5 行代码，向前移动指定的距离。

第 6 行代码，放下画笔。

调用这个函数，就实现了间隔画点的效果，如图 11-2 所示。

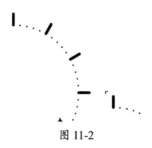

图 11-2

11.2.3　hand() 函数

接下来是 hand() 函数，它是用来绘制时钟的指针的，代码如下所示：

```
7 def hand(laenge,spitze):
8     forward(laenge*1.15)
```

```
9    right(90)
10   forward(spitze/2.0)
11   left(120)
12   forward(spitze)
13   left(120)
14   forward(spitze)
15   left(120)
16   forward(spitze/2.0)
```

这个函数有两个参数：第一个参数laenge决定了时钟指针的长度；第二个参数spitze决定了时钟指针头部的三角形大小。我们设计的时钟指针由一条直线表示指针，用一个三角形表示指针的头部。

第8行代码，向前移动 laenge*1.15个像素，用来绘制时钟的指针。

第9行代码，向右旋转90度。

第10行代码，向前移动 spitze/2.0个像素，绘制三角形第1条边的一半。

第11行代码，向左旋转120度。

第12行代码，向前移动 spitze个像素，绘制三角形第2条边。

第13行代码，向左旋转120度。

第14行代码，向前移动 spitze个像素，绘制三角形第3条边。

第15行代码，向左旋转120度。

第16行代码，向前移动 spitze/2.0 个像素，绘制三角形第1条边的剩下的一半。

执行hand()函数，绘制出来的图形效果如图11-3所示。

图 11-3

11.2.4 make_hand_shape() 函数

接下来是 make_hand_shape() 函数，代码如下所示：

```
17  def make_hand_shape(name,laenge,spitze):
18      reset()
19      jmup(-laenge*0.15)
20      begin_poly()
21      hand(laenge,spitze)
22      end_poly()
23      hand_form = get_poly()
24      register_shape(name,hand_form)
```

这个函数用来定义时钟指针的几何形状，这里我们用海龟的图标来模拟时钟指针的形状。该函数有 3 个参数：第一个参数 name 决定了是时针、分针还是秒针；第二个参数 laenge 决定了时钟指针的长度；第三个参数 spitze 决定了时钟指针头部的三角形大小。

第 18 行代码，使用 reset() 函数来擦除上一次的绘制，重新绘制时钟指针。

第 19 行代码，调用自定义函数 jump()，表示抬起来画笔后，移动 -laenge*0.15 长度后落下画笔（注意，负号表示是朝着和指针头部相反的方向）。这样就可以确保绘制出来的时钟指针是穿过原点的。

第 20 行代码，开始绘制多边形，当前位置是多边形第一个顶点。

第 21 行代码，调用自定义函数 hand()，来绘制时钟指针的多边形。

第 22 行代码，结束绘制多边形，当前位置是多边形最后一个顶点。

第 23 行代码，通过 get_poly() 函数可以获取多边形的所有坐标，然后把它赋值给变量 hand_form。

第 24 行代码，register_shape() 函数将名为 name 参数的 hand_Form 几何形状注册为合法的海龟形状，并且将其添加到 TurtleScreen 对象的形状列表中。这样一来，shape() 函数就可以随时使用这个形状了。

make_hand_shape() 函数实现的绘制效果如图 11-4 所示。

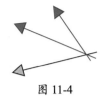

图 11-4

11.2.5　clockface() 函数

clockface () 函数负责绘制钟表盘，其参数 radius 表示表盘半径，代码如下所示：

```
25  def clockface(radius):
26      reset()
27      pensize(7)
28      for i in range(60):
29          jump(radius)
30          if i % 5==0:
31              forward(25)
32              jump(-radius-25)
33          else:
34              dot(3)
35              jump(-radius)
36          right(6)
```

该函数通过 60 次循环来绘制钟表盘上的刻度，每 5 个刻度为短线段，其余为小圆点。

第 26 行代码，使用 reset() 函数来擦除上一次的绘制，并且将海龟移动到坐标原点。

第 27 行代码，将画笔大小设置为 7。

第 28 行代码，这是一个执行 60 次的 for 循环，循环变量是 i。第 29 行到第 36 行是它的循环体。这个循环会完成表盘刻度的绘制。

第 29 行代码，调用自定义函数 jump()，表示抬起来画笔后，移动 radius 长度后落下画笔。这样就可以从原点移动到要绘制刻度的点。

第30行代码，判断循环变量i能否整除5，满足条件的话，就执行第31和32行代码。如果能够整除，表示是5的倍数，此时要绘制长条来表示时间刻度。

第31行代码，向前移动25个像素，表示绘制一条短线段。

第32行代码，调用自定义函数jump()，表示抬起来画笔后，移动-radius-25，也就是又移动回到原点。

第33行代码，如果循环变量i不能整除5，执行第34行和第35行代码。

第34行代码，调用dot绘制一个点也就是一个实心圆，直径是3个像素。

第35行代码，调用自定义函数jump()，表示抬起来画笔后，移动-radius，也就是移动回到原点。

第36行代码，调用right()函数，向右旋转6度。

执行clockface ()函数后实现的绘制效果如图11-5所示。

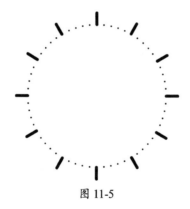

图 11-5

11.2.6　setup() 函数

setup()函数用来绘制时钟的表盘，代码如下所示：

```
37 def setup():
38     global second_hand,minute_hand,hour_hand,writer
39     mode("logo")
40     make_hand_shape("second_hand",125,25)
```

```
41    make_hand_shape("minute_hand",130,25)
42    make_hand_shape("hour_hand",90,25)
43    clockface(160)
44    second_hand = Turtle()
45    second_hand.shape("second_hand")
46    second_hand.color("gray20","gray80")
47    minute_hand=Turtle()
48    minute_hand.shape("minute_hand")
49    minute_hand.color("bluel", "redl")
50    hour_hand=Turtle()
51    hour_hand.shape("hour_hand")
52    hour_hand.color("blue3","red3")
53    for hand in second_hand,minute_hand,hour_hand:
54        hand.resizemode("user")
55        hand.shapesize(1,1,3)
56        hand.speed(0)
57    hideturtle()
58    writer = Turtle()
59    writer.hideturtle()
60    writer.penup()
```

第38行代码，定义了4个全局变量second_hand、minute_hand、hour_hand和writer，它们表示4个turtle对象，分别用来模拟秒针、分针、时针和表盘上的文字。

第39行代码，使用mode()函数来设置Turtle模式，它有3种可能的参数，分别是"standard""logo"或"world"。"logo"表示重置Turtle，方向是向上（北），旋转方向是顺时针。

第40行代码，调用make_hand_shape()函数，创建秒针的形状。第1个参数"second_hand"表示海龟形状的名称，第2个参数125决定了秒针的指针长度，第3个参数25决定了秒针的三角形头部的边长。

第41行代码，调用make_hand_shape()函数，创建分针的形状，这个海龟形状的名称是"minute_hand"，分针的指针长度是130，三角形头部的边长25。

第42行代码，调用make_hand_shape()函数，创建时针的形状，这个海龟

141

形状的名称是"hour_hand"，时针的指针长度是90，三角形头部的边长是25。

第43行代码，调用clockface()函数绘制时钟表盘，时钟表盘半径是160。

第44行代码，Turtle是turtle模块中的一个类，我们将其实例化，并将对象赋值给变量second_hand。second_hand相当于一个turtle对象，可以调用其对应的函数和方法。

第45行代码，调用second_hand对象的shape()函数，将海龟形状设置为"second_hand"。这个形状是在第40行代码调用make_hand_shape()函数时注册的。

第46行代码，调用second_hand对象的color()函数，将其画笔颜色设置为"gray20"，填充颜色设置为"gray80"。

第47行代码，将turtle对象赋值给变量minute_hand。

第48行代码，调用minute_hand对象的shape()函数，将其海龟形状设置为"minute_hand"。

第49行代码，调用minute_hand对象的color()函数，将其画笔颜色设置为"blue1"，填充颜色设置为"red1"。

第50行代码，将turtle对象赋值给变量hour_hand。

第51行代码，调用hour_hand对象的shape()函数，将其海龟形状设置为"hour_hand"。

第52行代码，调用hour_hand对象的color()函数，将其画笔颜色设置为"blue3"，填充颜色设置为"red3"。

第53行代码，这里开始一个for循环语句，循环范围就是second_hand、minute_hand和hour_hand，循环变量是hand。第54到56行是它的循环体。使用这个循环，大大简化了代码，只通过一段代码，就可以给3个turtle对象的属性赋予相同的值。

第54行代码，调用hour对象的resizemode()函数，调整大小模式设置。

它有3种可能的参数，分别是"auto""user"和"noresize"。"auto"根据pensize的值调整turtle的外观。"user"根据shapesize()函数调整turtle的外观。"noresize"没有改变turtle的外观。

第55行代码，调用hour对象的shapesize()函数配合resizemode()函数来改变海龟的外观。3个参数分别表示垂直方向拉伸、水平方向拉伸和outline轮廓的宽度。

第56行代码，调用hour对象的speed()函数设置海龟移动速度，参数为0表示最快。

第57行代码，调用hideturtle()函数，将默认的海龟对象的形状设置为隐藏。如果没有这行代码，屏幕上会多出一个海龟图标。

第58行代码，将turtle对象赋值给变量writer。

第59行代码，调用writer对象的hideturtle ()函数，将其海龟形状设置为隐藏。

第60行代码，调用writer对象的penup ()函数，抬起画笔。

setup()函数实现的绘制效果如图11-6所示。

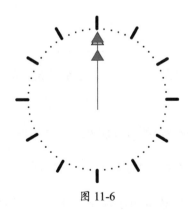

图 11-6

11.2.7　wochentag ()函数

接下来，我们来看wochentag ()函数，其代码如下所示：

```
61 def wochentag(t):
62     wochentag =["星期一","星期二","星期三","星期四","星期五","星期六","星期日"]
63     return wochentag[t.weekday()]
```

该函数的作用是将指定日期转换为是星期几的字符串并返回，它的参数是一个datetime对象。

第62行代码，定义了一个数组wochentag，元素是从"星期一"到"星期日"7个字符串。

第63行代码，根据参数t的weekday()函数返回值，找到wochentag数组中对应的元素，并返回。weekday()函数会返回一个整数，表示指定日期是一周中第几天，0表示星期一，1表示星期二，以此类推。

11.2.8　datum () 函数

我们继续来看datum ()函数，其代码如下所示：

```
64 def datmu(z):
65     j=z.year
66     m=z.month
67     t=z.day
68     return"%d年%s月%d日"%（j,m,t）
```

它的作用是将指定日期转换为是某年某月某日的字符串并返回，它的参数是一个datetime对象。

第65行代码，根据参数t的year属性，得到年份，赋值给变量j。

第66行代码，根据参数t的month属性，得到月份，赋值给变量m。

第67行代码，根据参数t的day属性，得到日，赋值给变量t。

第68行代码，返回格式为是某年某月某日的字符串，具体的年月日就是变量j、m和t的值。

11.2.9　tick() 函数

tick()函数用来绘制时钟指针的动态显示，也就是让时钟指针走起来，并且让日期和星期显示出来，其代码如下所示：

```
69 def tick():
70     t = datetime.today()
71     sekunde = t.second + t.microsecond*0.000001
72     minute = t.minute + sekunde/60.0
73     stunde = t.hour + minute/60.0
74     tracer(False)
75     writer.clear()
76     writer.home()
77     writer.forward(65)
78     writer.write(wochentag(t),align="center",font=("Courier",14,"bold"))
79     writer.back(150)
80     writer.write(datum(t),align="center",font=("Courier",14,"bold"))
81     writer.forward(85)
82     second_hand.setheading(6*sekunde)
83     minute_hand.setheading(6*minute)
84     hour_hand.setheading(30*stunde)
85     tracer(True)
86     ontimer(tick,100)
```

第70行代码，调用datatime的today()函数，得到表示当前日期时间的datatime对象，将其赋值给变量t。

第71行代码，将当前时间的秒，以及当前时间微秒转换成以秒为单位的值，并且将两者之和赋值给变量sekunde。

第72行代码，将当前时间的分，以及sekunde秒转换成以分为单位的值，并且将两者之和赋值给变量minute。

第73行代码，将当前时间的时，以及minute分转换成以时为单位的值，并且将两者之和赋值给变量stunde。

第74行代码，调用tracer(False)函数，表示关闭海龟动画。tracer()函数的参数为False时，关闭动画，表示要等绘制结束后一致刷新。当函数的参数为True时，恢复动画的绘制效果。

第75行代码，调用writer对象的clear ()函数，清除其在屏幕上绘制的内容。

第76行代码，调用writer对象的home ()函数，将海龟移动到坐标原点。

第77行代码，调用writer对象的forward()函数，将海龟向前（也就是向上）移动65个像素。

第78行代码，调用writer对象的write()函数，将自定义函数wochentag(t)的返回值，显示在屏幕上，表示今天是星期几。

write()函数是在当前海龟位置写入文本。该函数需要4个参数。第1个参数arg表示要在屏幕上显示的信息。第2个参数move，如果为False表示画笔位置不动；如果为True表示画笔移动到右下角。这个参数是可选的，默认为False。第3个参数align表示对齐方式，参数是"left""center"或"right"之一，分别对应靠左、居中和靠右对齐。这个参数是可选的，默认为"left"。第4个参数是font表示字体元组，元组中的元素分别表示字体名称、字体大小和字体类型。这个参数是可选的，默认为（'Arial'，8，'normal'）。

第79行代码，调用writer对象的back()函数，将海龟向后（也就是向下）移动150个像素。

第80行代码，调用writer对象的write()函数，将自定义函数datum(t)的返回值，显示在屏幕上，这个值表示今天是某年某月某日。

第81行代码，调用writer对象的forward()函数，将海龟向前（也就是向上）移动85个像素，回到原点。

第82行代码，调用second_hand对象的setheading ()函数，设置时钟秒针的朝向。参数是6*sekunde，因为一圈是360度，所以每秒的刻度的间隔是6度。

第83行代码，调用minute_hand对象的setheading ()函数，设置时钟分针的朝向。参数是6*minute，因为一圈是360度，所以每分的刻度的间隔也是6度。

第84行代码，调用hour_hand对象的setheading ()函数，设置时针的朝向。参数是30*stunde，因为一圈是360度，所以每小时的刻度的间隔是30度。

第85行代码，调用tracer(True)函数，表示恢复动画的绘制效果。

第86行代码，调用ontimer()函数更新表盘画面，参数是tick和100，表示100毫秒后继续调用tick()函数。这样就可以持续不断地执行tick()函数。

11.2.10　main()函数

最后，我们看一下main()函数，这是自定义的主函数，其代码如下所示：

```
87 def main():
88     tracer(False)
89     setup()
90     tracer(True)
91     tick()
92     return "EVENTLOOP"
```

第88行代码，调用tracer()函数，参数为False，表示关闭海龟动画。

第89行代码，调用自定义的setup()函数，绘制时钟的表盘。

第90行代码，调用tracer()函数，参数为True，表示恢复动画的绘制效果。

第91行代码，调用tick()函数，绘制时钟指针的动态显示。

第92行代码，返回"EVENTLOOP"字符串，表示执行事件循环。

11.2.11　程序入口

程序入口的代码如下所示：

```
93 if __name__=="__main__":#入口程序
94     mode("logo")
95     print(main())
96     mainloop()
```

第93行代码，if __name__ == '__main__'相当于Python模拟的程序入口。

第94行代码，使用mode()函数来设置Turtle模式，"logo"表示重置Turtle，方向是向上（北），旋转方向是顺时针。

第95行代码，main()函数作为print()函数的参数，这样就可以执行main()函数。

第96行代码，调用mainloop()函数，启动事件循环。

完整代码如下所示，可以通过本书配套的示例程序11.1获取。

```
from turtle import *
from datetime import datetime
def jump(distanz):
    penup()
    forward(distanz)
    pendown()
def hand(laenge, spitze):
    forward(laenge*1.15)
    right(90)
    forward(spitze/2.0)
    left(120)
    forward(spitze)
    left(120)
    forward(spitze)
    left(120)
    forward(spitze/2.0)
def make_hand_shape(name, laenge, spitze):
    reset()
    jump(-laenge*0.15)
    begin_poly()
    hand(laenge, spitze)
```

```
        end_poly()
        hand_form = get_poly()
        register_shape(name, hand_form)
def clockface(radius):
    reset()
    pensize(7)
    for i in range(60):
        jump(radius)
        if i % 5 == 0:
            forward(25)
            jump(-radius-25)
        else:
            dot(3)
            jump(-radius)
        right(6)
def setup():
    global second_hand, minute_hand, hour_hand, writer
    mode("logo")
    make_hand_shape("second_hand", 125, 25)
    make_hand_shape("minute_hand",  130, 25)
    make_hand_shape("hour_hand", 90, 25)
    clockface(160)
    second_hand = Turtle()
    second_hand.shape("second_hand")
    second_hand.color("gray20", "gray80")
    minute_hand = Turtle()
    minute_hand.shape("minute_hand")
    minute_hand.color("blue1", "red1")
    hour_hand = Turtle()
    hour_hand.shape("hour_hand")
    hour_hand.color("blue3", "red3")
    for hand in second_hand, minute_hand, hour_hand:
        hand.resizemode("user")
        hand.shapesize(1, 1, 3)
        hand.speed(0)
    hideturtle()
    writer = Turtle()
    writer.hideturtle()
```

```
        writer.penup()
def wochentag(t):
        wochentag = ["星期一", "星期二", "星期三", "星期四", "星期五", "星期六",
"星期日"]
        return wochentag[t.weekday()]
def datum(z):
        j = z.year
        m = z.month
        t = z.day
        return "%d年 %s月 %d日 " % (j, m, t )
def tick():
        t = datetime.today()
        sekunde = t.second + t.microsecond*0.000001
        minute = t.minute + sekunde/60.0
        stunde = t.hour + minute/60.0
        tracer(False)
        writer.clear()
        writer.home()
        writer.forward(65)
        writer.write(wochentag(t), align="center", font=("Courier", 14, "bold"))
        writer.back(150)
        writer.write(datum(t), align="center", font=("Courier", 14, "bold"))
        writer.forward(85)
        second_hand.setheading(6*sekunde)
        minute_hand.setheading(6*minute)
        hour_hand.setheading(30*stunde)
        tracer(True)
        ontimer(tick, 100)
def main():
        tracer(False)
        setup()
        tracer(True)
        tick()
        return "EVENTLOOP"
if __name__ == "__main__":
        mode("logo")
        print(main())
        mainloop()
```

11.3 小结

本章介绍的程序是Python帮助文档中的一个海龟绘图示例程序——时钟程序。该程序通过海龟绘图绘制了一个能够实时走动的时钟。这个程序的结构有很强的模块化特征，它是通过一系列的函数来实现的。

在本章中，我们按照顺序介绍了组成这个程序的各个函数的功能，并且详细分析了其代码。通过一个又一个函数，我们就像搭积木一样，完成了绘制时钟这个有趣的任务。

第12章
绘制机器猫

在本章中，我们将来绘制一幅机器猫的图形。

12.1 程序分析

我们先来看一下机器猫的样子，如图12-1所示。

图 12-1

它有大大的脑袋、圆圆的眼睛、红红的鼻头，嘴巴两边各有3根胡子。脑袋和身体用一条红色的丝带分割开，因为图12-1中的这只机器猫是坐着的，所以我们没有看到腿，只有圆圆的脚露在外面。此外，机器猫还有胳膊和圆圆的手。最后，别忘了机器猫还有标志性的铃铛和口袋。

我们可以使用在第9章中学习过的自定义函数，按照机器猫的身体部位来定义各个绘制函数：head（头）、eyes（眼睛）、nose（鼻子）、mouth（嘴）、whiskers（胡子）、body（身体）、feet（脚）、arms（胳膊）、hands（手）、bell（铃铛）和package（口袋）。函数的名字就表明了该函数要负责绘制的身体部位。

我们可以看到，这些身体部位大部分是由圆形和矩形组成，所以为了能够重复使用相同的代码段，避免不必要的重复地复制和粘贴，我们还需要定义两个基础函数——一个是绘制圆形的函数drawRound，一个是绘制矩形的drawRect函数。

完整的代码参见本书配套的清单12.1.py。

12.2 导入模块

第1行代码，我们导入turtle模块：

```
1 from turtle import *
```

使用这种方法，可以导入turtle模块中所有的方法和变量，然后就可以直接调用方法了，而不需要再添加"turtle."前缀。

12.3 基础函数

12.3.1 绘制圆形

我们定义一个drawRound函数，用它来绘制圆形。这里为它设置两个参

数，分别是表示所绘制的圆的半径的size和表示是否填充的filled。drawRound
函数的代码如下所示：

```
2 def drawRound(size,filled):        #绘制圆形
3     pendown()
4     if filled==True:        #判断是否填充颜色
5         begin_fill()
6     setheading(180)
7     circle(size,360)
8     if filled==True:
9         end_fill()
```

　　首先，调用pendown()函数表示落笔。然后，判断参数filled是否等于
True。如果等于True，表示要填充，那么就调用begin_fill()函数；否则，不
调用该函数，表示没有填充。然后调用setheading(180)，设置小海龟启动时运
动的方向，就是让小海龟调个头。调用circle(size,360)，画一个半径为size的
圆。然后还要判断参数filled是否等于True，如果等于True，意味着前面调用
过begin_fill()函数，则这里调用end_fill()函数表示填充完毕。

12.3.2　绘制矩形

　　接下来，我们定义了一个drawRect函数，用它来绘制矩形。这里为它指
定3个参数，分别是表示所绘制的矩形的长的length，表示所绘制的矩形的宽
的width，以及表示是否填充的filled。drawRect函数的代码如下所示：

```
10 def drawRect(length,width,filled):        #绘制矩形
11     setheading(0)
12     pendown()
13     if filled==True:
14         begin_fill()
15     forward(length)
16     right(90)
17     forward(width)
18     right(90)
```

```
19    forward(length)
20    right(90)
21    forward(width)
22    if filled==True:
23        end_fill()
```

首先调用setheading(0)，设置小海龟启动时运动的方向，就是让小海龟的头朝右。然后调用pendown()函数，表示落笔。判断参数filled是否等于True。如果等于True，表示要填充，就调用begin_fill()函数；否则，不调用函数，表示没有填充。调用forward(length)，绘制第一条边。然后调用right(90)，让光标向右旋转90度。调用forward(width)，绘制第二条边。调用right(90)，让光标向右旋转90度。调用forward(length)，绘制第三条边。调用right(90)，让光标向右旋转90度。调用forward(width)，绘制第四条边。然后还要判断参数filled是否等于True，如果等于，则调用end_fill()函数表示填充完毕。

12.4 绘制机器猫的身体

12.4.1 head() 函数

在这里，我们定义了一个绘制机器猫大脑袋的函数——head()。首先，它绘制一个蓝色填充的大圆，表示机器猫的脑袋。然后，在蓝色圆中绘制一个稍小一点的白色填充的圆，表示机器猫的脸庞。head()函数的代码如下所示：

```
24 def head():       #头
25    #画个蓝色的大圆
26    color("blue","blue")
27    penup()
28    goto(0,100)
29    drawRound(75,True)
30    #画个白色的小圆
31    color("white","white")
```

```
32      penup()
33      goto(0,72)
34      drawRound(60,True)
```

首先调用color函数，将画笔的颜色设置为蓝色，将填充的颜色也设置为蓝色。然后调用penup函数，让画笔抬起，不要在画布上留下笔迹。调用 goto 函数将画笔移动到 x 坐标为 0、y 坐标为 100 的位置。调用我们在前面创建的自定义函数drawRound，绘制一个半径为 72 个像素、用蓝色填充的圆。

然后再次调用color函数，将画笔的颜色设置为白色，将填充的颜色也设置为白色。然后调用penup函数，让画笔抬起，不要在画布上留下笔迹。调用 goto函数将画笔移动到 x 坐标为 0、y 坐标为 72 的位置。调用 drawRound 函数，绘制一个半径为 60 个像素、用白色填充的圆。

调用这个head函数来看一下执行效果，如图 12-2 所示。

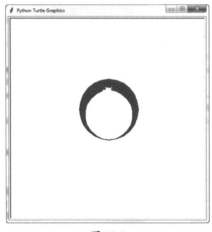

图 12-2

12.4.2　eyes() 函数

接下来，我们定义 eyes 函数，用来绘制机器猫的眼睛。首先，我们绘制两个边框为黑色并用白色填充的大圆，表示机器猫的两只眼睛。然后在每个大圆中画一个用黑色填充的圆，并且在这个黑圆中再绘制一个更小的用白色填充的圆，它们表示机器猫的眼球。代码如下：

```
35 def eyes():     #眼睛
36     #左眼眶
37     color("black","white")
38     penup()
39     goto(-15,80)
40     drawRound(17,True)
41     #右眼眶
42     color("black","white")
43     penup()
44     goto(19,80)
45     drawRound(17,True)
46     #左眼珠
47     color("black","black")
48     penup()
49     goto(-8,70)
50     drawRound(6,True)
51     color("white","white")
52     penup()
53     goto(-8,66)
54     drawRound(2,True)
55     #右眼珠
56     color("black","black")
57     penup()
58     goto(12,70)
59     drawRound(6,True)
60     color("white","white")
61     penup()
62     goto(12,66)
63     drawRound(2,True)
```

先绘制机器猫的左眼眶。调用color函数,将画笔的颜色设置为黑色,将填充的颜色设置为白色。然后调用penup函数,让画笔抬起,不要在画布上留下笔迹。调用 goto 函数将画笔移动到 x 坐标为-15、y 坐标为80的位置。调用自定义函数drawRound,绘制一个半径为17个像素、用白色填充的圆。

然后绘制右眼眶,这段代码和绘制左眼的代码基本一致,只是传入goto函数的参数不一样,要将画笔移动到 x 坐标为19、y 坐标为80的位置。

接下来，绘制左眼珠和右眼珠。还是调用color函数，设置画笔和填充的颜色，移动画笔，然后绘制圆。

调用eyes函数，效果如图12-3所示。

图 12-3

12.4.3　nose() 函数

接下来，我们定义nose函数，来绘制鼻子。鼻子很简单，就是一个红色的圆。nose函数的代码如下所示：

```
64 def nose():      #鼻子
65     color("red","red")
66     penup()
67     goto(0,40)
68     drawRound(7,True)
```

调用color函数，将画笔和填充的颜色设置为红色。然后调用penup函数，让画笔抬起，先不要在画布上留下笔迹。调用 goto 函数将画笔移动到 x 坐标为 0、y 坐标为 40 的位置。调用自定义函数drawRound，绘制一个半径为 7 个像素、用红色填充的圆。

调用这个nose函数来看一下绘制效果，如图12-4所示。

图 12-4

12.4.4　mouth() 函数

接下来，我们定义一个mouth函数，用来绘制机器猫的嘴巴。它会先绘制一条弧线，表示嘴形，然后再绘制一条竖线，表示机器猫的"人中"。mouth 函数的代码如下所示：

```
69 def mouth():     #嘴巴
70     #嘴
71     color("black","black")
72     penup()
73     goto(-30,-20)
74     pendown()
75     setheading(-27)
76     circle(70,55)
77     #人中
78     penup()
79     goto(0,26)
80     pendown()
81     goto(0,-25)
```

调用color函数，将画笔和填充的颜色都设置为黑色。然后调用penup函数，让画笔抬起，先不要在画布上留下笔迹。调用 goto 函数将画笔移动到

x 坐标为 -30、*y* 坐标为 -20 的位置。然后调用 pendown 函数落下画笔。调用 setheading(-27)，设置小海龟启动时运动的方向。调用 circle(70,55) 绘制一条弧线，表示机器猫的嘴巴。

接下来，调用 penup 函数，让画笔抬起，先不要在画布上留下笔迹。调用 goto 函数将画笔移动到 *x* 坐标 0、*y* 坐标为 26 的位置。然后调用 pendown 函数落下画笔。调用 goto(0,-25)，来绘制一条直线，表示机器猫的"人中"。

调用这个 mouth 函数来看一下绘制效果，如图 12-5 所示。

图 12-5

12.4.5　whiskers() 函数

接下来，我们定义了一个 whiskers 函数，用来绘制胡子。它在机器猫的"人中"的两边，分别绘制 3 条直线，表示胡须。whiskers 函数的代码如下所示：

```
82 def whiskers():    #胡须
83     color("black","black")
84     #左边中间的胡子
85     penup()
```

```
86    goto(10,5)
87    pendown()
88    goto(-40,5)
89    #右边中间的胡子
90    penup()
91    goto(10,5)
92    pendown()
93    goto(40,5)
94    #左上的胡子
95    penup()
96    goto(-10,15)
97    pendown()
98    goto(-40,20)
99    #右上的胡子
100   penup()
101   goto(10,15)
102   pendown()
103   goto(40,20)
104   #左下的胡子
105   penup()
106   goto(-10,-5)
107   pendown()
108   goto(-40,-10)
109   #右下的胡子
110   penup()
111   goto(10,-5)
112   pendown()
113   goto(40,-10)
```

　　还是先调用color函数，将画笔和填充的颜色都设置为黑色。然后调用penup函数，让画笔抬起，先不要在画布上留下笔迹。调用goto函数将画笔移动到指定位置。然后调用pendown函数落下画笔。调用goto函数，绘制一条直线，表示左边第一根胡子。

　　然后重复类似的动作，绘制剩下的5根胡子。这部分的代码基本上是相同的，只是移动到的坐标位置有所不同，这里就不再赘述。调用whiskers函数来看一下绘制效果，如图12-6所示。

图 12-6

12.4.6　body() 函数

下面我们定义body函数，它用来绘制机器猫的身体。该函数先绘制一个蓝色的矩形表示身体，然后再绘制一个白色的圆，表示机器猫的大肚子。接下来，绘制一个红色的长方形，表示红丝带，用于分隔开脑袋和身体。最后，绘制一个半圆，表示机器猫的腿。body函数的代码如下所示：

```
114 def body():     #身体
115     #蓝色的身体
116     color("blue","blue")
117     penup()
118     goto(-50,-40)
119     drawRect(100,80,True)
120
121     #白色的大肚子
122     color("white","white")
123     penup()
124     goto(0,-30)
125     drawRound(40,True)
126     #红色丝带
```

```
127    color("red","red")
128    penup()
129    goto(-60,-35)
130    drawRect(120,10,True)
131    #白色的腿
132    color("white","white")
133    penup()
134    goto(15,-127)
135    pendown()
136    begin_fill()
137    setheading(90)
138    circle(14,180)
139    end_fill()
```

先调用color函数，将画笔和填充的颜色都设置为蓝色。然后调用penup函数，让画笔抬起，先不要在画布上留下笔迹。调用 goto 函数将画笔移动到指定位置。然后调用自定义函数 drawRect，绘制一个长为100像素、宽为80像素，用蓝色填充的矩形，表示机器猫的身体。

然后调用color函数，将画笔和填充的颜色都设置为白色。然后调用penup函数，让画笔抬起，先不要在画布上留下笔迹。调用 goto 函数将画笔移动到指定位置。然后调用自定义函数 drawRound，绘制一个半径为40像素、用白色填充的圆形，表示机器猫的大肚子。

接下来，再次调用color函数，将画笔和填充的颜色都设置为红色。然后调用penup函数，让画笔抬起，先不要在画布上留下笔迹。调用 goto 函数将画笔移动到指定位置。然后调用自定义函数 drawRect，绘制一个长为120像素、宽为10像素，用红色填充的扁扁的矩形，用来分隔开机器人的身体和脑袋。这是机器人的红丝带，也是挂铃铛的地方。

然后调用color函数，将画笔和填充的颜色都设置为白色。然后调用penup函数，让画笔抬起，先不要在画布上留下笔迹。调用 goto 函数将画笔移动到指定位置。调用pendown函数落下画笔。调用setheading(90)，设置小海龟启动时运动的方向，也就是让小海龟旋转90度。调用begin_fill函数，开始填充。调用circle(14,180)，绘制一个半径为14像素的半圆形。然后调用end_ fill 函数，停止填充。这样就绘制完了机器猫的两条腿。

调用这个函数，看一下绘制效果，如图 12-7 所示。

图 12-7

12.4.7　feet() 函数

接下来，我们定义 feet 函数，用来绘制机器猫的脚。feet 函数的代码如下所示：

```
140 def feet():    #脚
141     #左脚
142     color("black","white")
143     penup()
144     goto(-30,-110)
145     drawRound(20,True)
146     #右脚
147     color("black","white")
148     penup()
149     goto(30,-110)
150     drawRound(20,True)
```

　　调用color函数，将画笔颜色设置为黑色，将填充颜色设置为白色。然后调用penup函数，让画笔抬起，先不要在画布上留下笔迹。调用goto函数将画笔移动到x坐标为-30、y坐标为-110的位置。然后调用自定义函数draw-Round，绘制一个半径为20像素、用白色填充的圆形，表示机器猫的左脚。

　　然后重复类似的动作，绘制机器猫的右脚。代码基本上是相同的，只是移动的坐标有所不同，这里就不再赘述。调用feet函数，看一下绘制效果，如图12-8所示。

图 12-8

12.4.8　arms() 函数

　　接下来，我们定义arms函数，用来绘制机器猫的胳膊。这里，用两个四边形表示机器猫的两条胳膊。arms函数的代码如下所示：

```
151 def arms():        #胳膊
152     #左胳膊
153     color("blue","blue")
154     penup()
155     begin_fill()
156     goto(-51,-50)
```

```
157    pendown()
158    goto(-51,-75)
159    left(70)
160    goto(-76,-85)
161    left(70)
162    goto(-86,-70)
163    left(70)
164    goto(-51,-50)
165    end_fill()
166    #右胳膊
167    color("blue","blue")
168    penup()
169    begin_fill()
170    goto(49,-50)
171    pendown()
172    goto(-49,-75)
173    left(70)
174    goto(74,-85)
175    left(70)
176    goto(84,-70)
177    left(70)
178    goto(49,-50)
179    end_fill()
```

　　调用color()函数，将画笔颜色和填充颜色都设置为蓝色。然后调用penup()函数，让画笔抬起，先不要在画布上留下笔迹。调用begin_fill()函数表示开始填充。调用goto()函数将画笔移动到指定位置。然后调用pendown()函数落下画笔。调用goto()函数，绘制第一条直线。然后调用函数left(70)，表示向左旋转70度。调用goto()函数，绘制第二条直线。然后调用函数left(70)，表示向左旋转70度。调用goto()函数，画第三条直线。然后调用函数left(70)，表示再次向左旋转70度。调用goto()函数，画第四条直线。调用end_fill()函数，完成颜色的填充。这样我们就完成了一个用蓝色填充的四边形，用它来表示机器猫的左胳膊。

　　然后重复类似的动作，绘制右胳膊。代码基本相同，只是移动的坐标位置有所不同，这里不再赘述。调用一下 arms() 函数，看一下绘制效果，如图 12-9 所示。

图 12-9

12.4.9　hands() 函数

接下来，我们定义了 hands 函数，来绘制机器猫的手。这里用两个白色填充的圆来表示机器猫的手。hands 函数的代码和 feet 函数比较类似，这里不再做过多的解释，直接列出代码，如下所示：

```
180  def hands():         #手
181      #左手
182      color("black","white")
183      penup()
184      goto(-90,-71)
185      drawRoune(15,True)
186      #右手
187      color("black","white")
188      penup()
189      goto(90,-71)
190      drawRound(15,True)
```

调用 hands 函数，看一下绘制效果，如图 12-10 所示。

图 12-10

12.4.10　bell() 函数

接下来，我们定义了一个 bell 函数，来绘制铃铛。可以看到，铃铛是在一个黄色圆上，由中间的两条黑线和下方的一个小黑圈组成的。所以，我们先绘制一个用黄色填充的圆；然后绘制一个没有填充的矩形，表示铃铛中间分开上下部分的横条。在矩形下面再绘制一个黑色填充的圆。bell 函数代码比较简单，这里也不再赘述，直接列出代码：

```
191 def bell()        #铃铛
192     #黄色实心圆表示铜铃
193     color("yellow","yellow")
194     penup()
195     goto(0,-41)
196     drawRound(8,True)
197     #黑色矩形表示花纹
198     color("black","black")
199     penup()
200     goto(-10,-47)
201     drawRect(20,4,False)
```

```
202    #黑色实心圆表示撞击的金属丸
203    color("black","black")
204    penup()
205    goto(0,-53)
206    drawRound(2,True)
```

调用这个函数，看一下其绘制效果，如图12-11所示。

图 12-11

12.4.11 package() 函数

最后，我们还要给机器猫绘制一个口袋，因此，这里定义一个package函数来绘制口袋。这里用一个半圆来表示机器猫的口袋。package函数的代码比较简单，这里不再解释，直接列出了代码。

```
207  def package():      #口袋
208      #半圆
209      color("black","black")
210      penup()
211      goto(-25,-70)
212      pendown()
213      setheading(-90)
```

```
214    circle(25,180)
215    goto(-25,-70)
216    hideturtle()
```

调用这个函数，看一下绘制效果，如图12-12所示。

图 12-12

12.5　main() 函数

最后，我们看一下main()函数，这是自定义的主函数，调用了前面定义的绘制各个部位的函数，其代码如下所示：

```
217 def main():
218    setup(500,500)
219    speed(10)
220    shape("turtle")
221    colormode(255)
222    head()          #头
223    eyes()          #眼睛
224    nose()          #鼻子
225    mouth()         #嘴
226    whiskers()      #胡子
```

```
227    body()              #身体
228    feet()              #脚
229    arms()              #胳膊
230    hands()             #手
231    bell()              #铃铛
232    package()           #口袋
233    return "DONE!"
```

12.6　程序入口

关于入口代码的使用，我们在第10章和第11章已经介绍过，这里不再赘述。程序入口的代码如下所示：

```
234 if__name__=='__main__': #入口程序
235    print(main())
236    mainloop()
```

至此，我们的机器猫就绘制完成了。

完整代码如下所示（读者也可以通过本书配套代码中的示例程序12.1获取）：

```
from turtle import *
def drawRound(size,filled):           #绘制圆形
    pendown()
    if filled==True:   #判断是否填充颜色
        begin_fill()
    setheading(180)
    circle(size,360)
    if filled==True:
        end_fill()
def drawRect(length,width,filled):   #绘制矩形
    setheading(0)
    pendown()
    if filled==True:
        begin_fill()
```

```
    forward(length)
    right(90)
    forward(width)
    right(90)
    forward(length)
    right(90)
    forward(width)
    if filled==True:
        end_fill()
def head():        #头
    #画个蓝色的大圆
    color("blue","blue")
    penup()
    goto(0,100)
    drawRound(75,True)
    #画个白色的小圆
    color("white","white")
    penup()
    goto(0,72)
    drawRound(60,True)
def eyes():        #眼睛
    #左眼眶
    color("black","white")
    penup()
    goto(-15,80)
    drawRound(17,True)
    #右眼眶
    color("black","white")
    penup()
    goto(19,80)
    drawRound(17,True)
    #左眼珠
    color("black","black")
    penup()
    goto(-8,70)
    drawRound(6,True)
    color("white","white")
```

```
    penup()
    goto(-8,66)
    drawRound(2,True)
    #右眼珠
    color("black","black")
    penup()
    goto(12,70)
    drawRound(6,True)
    color("white","white")
    penup()
    goto(12,66)
    drawRound(2,True)
def nose():      #鼻子
    color("red","red")
    penup()
    goto(0,40)
    drawRound(7,True)
def mouth():     #嘴巴
    #嘴
    color("black","black")
    penup()
    goto(-30,-20)
    pendown()
    setheading(-27)
    circle(70,55)
    #人中
    penup()
    goto(0,26)
    pendown()
    goto(0,-25)
def whiskers():      #胡须
    color("black","black")
    #左边中间的胡子
    penup()
    goto(10,5)
    pendown()
    goto(-40,5)
```

```
#右边中间的胡子
penup()
goto(10,5)
pendown()
goto(40,5)
#左上的胡子
penup()
goto(-10,15)
pendown()
goto(-40,20)
#右上的胡子
penup()
goto(10,15)
pendown()
goto(40,20)
#左下的胡子
penup()
goto(-10,-5)
pendown()
goto(-40,-10)
#右下的胡子
penup()
goto(10,-5)
pendown()
goto(40,-10)
def body():            #身体
    #蓝色的身体
    color("blue","blue")
    penup()
    goto(-50,-40)
    drawRect(100,80,True)

    #白色的大肚子
    color("white","white")
    penup()
    goto(0,-30)
    drawRound(40,True)
```

```
        #红色丝带
        color("red","red")
        penup()
        goto(-60,-35)
        drawRect(120,10,True)
        #白色的腿
        color("white","white")
        penup()
        goto(15,-127)
        pendown()
        begin_fill()
        setheading(90)
        circle(14,180)
        end_fill()
def feet():                 #脚
        #左脚
        color("black","white")
        penup()
        goto(-30,-110)
        drawRound(20,True)
        #右脚
        color("black","white")
        penup()
        goto(30,-110)
        drawRound(20,True)
def arms():                 #胳膊
        #左胳膊
        color("blue","blue")
        penup()
        begin_fill()
        goto(-51,-50)
        pendown()
        goto(-51,-75)
        left(70)
        goto(-76,-85)
        left(70)
        goto(-86,-70)
```

```
    left(70)
    goto(-51,-50)
    end_fill()
    #右胳膊
    color("blue","blue")
    penup()
    begin_fill()
    goto(49,-50)
    pendown()
    goto(49,-75)
    left(70)
    goto(74,-85)
    left(70)
    goto(84,-70)
    left(70)
    goto(49,-50)
    end_fill()
def hands():                #手
    #左手
    color("black","white")
    penup()
    goto(-90,-71)
    drawRound(15,True)
    #右手
    color("black","white")
    penup()
    goto(90,-71)
    drawRound(15,True)
def bell():                 #铃铛
    #黄色实心圆表示铜铃
    color("yellow","yellow")
    penup()
    goto(0,-41)
    drawRound(8,True)
    #黑色矩形表示花纹
    color("black","black")
    penup()
```

```
        goto(-10,-47)
        drawRect(20,4,False)
        #黑色实心圆表示撞击的金属丸
        color("black","black")
        penup()
        goto(0,-53)
        drawRound(2,True)
def package():              #口袋
        #半圆
        color("black","black")
        penup()
        goto(-25,-70)
        pendown()
        setheading(-90)
        circle(25,180)
        goto(-25,-70)
        hideturtle()
def main():
        setup(500,500)
        speed(10)
        shape("turtle")
        colormode(255)
        head()              #头
        eyes()              #眼睛
        nose()              #鼻子
        mouth()             #嘴
        whiskers()          #胡子
        body()              #身体
        feet()              #脚
        arms()              #胳膊
        hands()             #手
        bell()              #铃铛
        package()           #口袋
        return "DONE!"
#入口程序
if __name__=='__main__':
        print(main())
        mainloop()
```

12.7　小结

在本章中，我们基于第11章所介绍的海龟绘图的基础知识，绘制了一个机器猫的卡通形象。我们先对这个程序介绍了简要的分析，然后介绍了如何导入模块和设置画笔，这是使用海龟绘图之前必须进行的准备工作，最后依次介绍了绘制机器猫程序的每一个函数的作用及其代码，并展示了其绘制效果。